区域海洋经济指标体系构建分析

彭伟　著

重庆大学出版社

图书在版编目(CIP)数据

区域海洋经济指标体系构建分析 / 彭伟著. -- 重庆：重庆大学出版社，2020.10

ISBN 978-7-5689-2515-0

Ⅰ.①区… Ⅱ.①彭… Ⅲ.①海洋经济—区域经济发展—可持续性发展—研究—中国 Ⅳ.①P74

中国版本图书馆 CIP 数据核字(2020)第 269117 号

区域海洋经济指标体系构建分析

QUYU HAIYANG JINGJI ZHIBIAO TIXI GOUJIAN FENXI

彭 伟 著

策划编辑：鲁 黎

责任编辑：杨育彪 版式设计：鲁 黎

责任校对：王 倩 责任印制：张 策

*

重庆大学出版社出版发行

出版人：饶帮华

社址：重庆市沙坪坝区大学城西路 21 号

邮编：401331

电话：(023) 88617190 88617185(中小学)

传真：(023) 88617186 88617166

网址：http://www.cqup.com.cn

邮箱：fxk@cqup.com.cn (营销中心)

全国新华书店经销

POD：重庆新生代彩印技术有限公司

*

开本：720mm×1020mm 1/16 印张：11 字数：211千

2020 年 10 月第 1 版 2020 年 10 月第 1 次印刷

ISBN 978-7-5689-2515-0 定价：58.00 元

前言

当陆地对人类生活的承载力日趋极限，人口增长、环境恶化、资源短缺等种种困境日益威胁着人类的生存时，寻找新的生存和发展空间已成为各国政府及科学家们面临的重大课题。于是，人们将目光转向了约占地球表面面积 70.8%、拥有地球总水量 96.5%的海洋。在经济全球化的大环境下，随着世界经济的发展，世界各国对资源的抢夺战愈演愈烈，海洋已逐步成为资源战争的主战场。

近些年来，世界海洋经济的长足发展与各国的重视密不可分。但是，在开发海洋资源、发展海洋经济的同时，往往只重视海洋的资源功能，而忽视了海洋的生态、环境功能以及对海洋产业发展的科学规划，导致海洋开发活动和海洋经济发展与海洋实际功能的错位。从可持续发展角度看待海洋经济的发展，应是以创新、协调、开放的理念实现绿色、共享的发展，是将海洋生态环境保护与海洋经济增长相统筹的发展，是不以牺牲后代人的发展空间来满足当代人发展的利益的行为。因此，将可持续发展思想引入海洋经济领域是进行大规模海洋开发利用前必须解决的关键课题。本书将可持续发展观融入了区域海洋经济发展研究，从“可持续性”出发对海洋经济的发展环境、发展水平、发展阶段、产业结构、产业布局、发展模式以及区域间经济发展协调性等开展分析，为更好地发挥区域优势、实现区域间和区域内资源的优化配置提供理论依据。

著　者

2020 年 1 月

目录

第一章
绪 论

第一节 海洋经济发展历程

海洋经济分析是在海洋经济统计调查的基础上,运用各种分析评估方法对海洋经济运行的数量关系进行研究的实践活动,是经济统计工作(统计设计、统计调查、统计整理和统计分析)的最后一个阶段。海洋经济分析的实质是以宏观经济理论为指导,以海洋经济统计资料为基础,以统计分析方法为手段,对海洋总量、产业结构、区域布局、经济增长和周期波动等进行的分析评估。

全面了解我国海洋经济发展的历程,对开展海洋经济分析会有极大的帮助。纵观我国海洋经济发展的历程,大体经历了初级发展、快速发展和全面发展3个阶段。

一、海洋经济初级发展阶段

从中华人民共和国成立到改革开放前,是海洋经济初级发展阶段。这一阶段由于受到整个国家经济环境的影响和生产力发展水平的制约,加之对海洋的认知程度较低,海洋经济发展以资源依赖型、劳动密集型、自给自足型的产业为主;海洋产业结构比较单一,以海洋捕捞为主的海洋渔业占有绝对优势,海洋经济规模很小。由于该阶段我国开发海洋资源的能力不足,因此,经济活动对海洋资源和环境产生的压力较小,人与自然的矛盾尚不突出,海洋资源环境承载能力尚未被削弱,海洋环境基本处于“原生态”水平。

二、海洋经济快速发展阶段

从改革开放以后到20世纪末，是海洋经济快速发展阶段。这一阶段随着对外开放水平的不断提高，沿海的区位优势逐步显现，吸引了大量的资金、技术、劳动力向沿海一带聚集。海洋经济总量快速增长，特别是“八五”和“九五”期间，海洋经济的增长速度都高于国民经济。该阶段海洋开发科技水平显著提高，开发强度日趋增大，但海洋三次产业结构仍不尽合理，海洋渔业仍然占据半壁江山。由于海洋管理的法律法规还不健全，管理经验不足，海洋开发方式较为粗放，出现了海洋资源开发“无序”“无度”“无偿”的现象，在追求海洋经济快速发展的同时，给近海资源和环境带来了巨大压力，海洋环境质量整体下降。

三、海洋经济全面发展阶段

进入21世纪，随着科学发展观的确立与实践的深入，人们逐渐认识到海洋资源过度开发带来的后果，因此，人们越来越关注海洋经济发展与资源环境的关系，关注沿海地区的可持续发展。海洋经济开始向又好又快的方向转变。“十五”期间，海洋经济年均增长16.7%，比同期国民经济高出3个百分点。“十一五”期间，海洋经济年均增长13.5%，持续高于同期国民经济增速。在此期间，海洋三次产业结构不断调整优化，由“十五”期初的7:44:49调整为2012年的5:46:49，呈现出“三二一”的发展格局。随着海洋技术创新的不断突破，海洋传统产业得到改造和提升，海水利用业、海洋可再生能源业等以海洋高技术为支撑的战略性新兴产业快速发展，“十一五”期间年均增速超过20%。同时，邮轮、游艇、休闲渔业、海洋文化、涉海金融及航运服务业等一批新型服务业初露端倪，成为“十一五”期间海洋经济发展的新亮点。同时，海洋经济增长方式从注重数量向注重质量过渡，海洋环境保护工作得到重视和加强，但近岸海域环境尚未根本性好转，海洋环境污染形势依然严峻。进入“十二五”以来，随着世界经济的持续低迷和国内经济的增速放缓，我国海洋经济发展的外部环境正在发生深刻变化，海洋经济虽然仍保持着平稳的发展态势，但已难以保持前些年的高速增长。“十三五”前四年年均增速为6.7%，海洋经济“引擎”作用持续发挥。

第二节 海洋经济分析的内容与作用

一、海洋经济分析的内容

海洋经济分析的基础是海洋经济统计数据，离开统计数据，统计分析工作只能是纸上谈兵。因此，海洋经济分析的内容和深度是随着统计数据的可获得性而不断发展和完善的。在现有条件下，目前能够开展的海洋经济分析的内容主要包括海洋经济总量、海洋产业、区域海洋经济、海岛经济、海洋经济增长、海洋经济周期、海洋经济监测预警和国际海洋经济发展等。

根据海洋经济工作实践，海洋经济分析主要包括制度化统计分析和专题统计分析。海洋经济制度化统计分析主要依托《海洋统计报表制度》和《海洋生产总值核算制度》，是在海洋经济统计指标体系和统计资料的基础上，对海洋经济发展总量、产业结构、增长速度、取得的主要成绩、存在的主要问题、相关对策建议以及海洋经济规划实施效果评估等进行的全面系统分析。例如，国家海洋局每年年初发布的《中国海洋经济统计公报》，每年 8 月发布的《上半年海洋经济统计分析报告》以及随着统计频次的增加而增加的季度和月度海洋经济统计分析等，其主要目的是为海洋经济管理决策提供系统、客观和科学的依据。

海洋经济专题统计分析是根据海洋经济管理工作的需要，针对具体领域或某一具体问题而不定期开展的专项统计分析。例如，国家海洋局 2003 年开展的涉海就业人员统计分析，2007 年开展的海岛经济统计分析以及 2009 年开展的金融危机对海洋产业发展的影响分析等。专题统计分析是制度化统计分析的一种补充，其主要目的是对所研究的专题或问题进行更加深入的分析和认识，以解决制度化统计分析无法或难以完成的工作。因此，单纯依靠制度化统计资料是不足以完成专题统计分析工作的，在具体实践中，还要结合补充调查、抽样调查、典型调查和问卷调查等，采集更全面、更详细的基础数据和资料。

二、海洋经济分析的作用

随着海洋经济统计工作的不断完善，海洋经济分析也在不断完善，在总量和结构上不断深化系统分析的理论和方法，并从静态的、简单的分析逐步向动态的、复杂的分析发展，同时也在不断加强对海洋经济运行机制方面的系统分析。因此，海洋经济分析在海洋经济宏观指导和调控中发挥着越来越重要的作用，主要体现在以下几个方面。

(1)把握海洋经济运行的基本状况,对海洋经济运行做出正确的判断。海洋经济是一个复杂的运行系统,不同行业、不同地区以及不同环节之间存在着复杂的经济联系,只有对海洋经济发展各个方面和各个层次进行全面分析,才能把握海洋经济运行的全貌,并在此基础上对海洋经济的运行状态做出正确的判断。

(2)揭示海洋经济运行中的主要矛盾和问题,为制定海洋经济政策、进行宏观指导和调控服务。开展海洋经济分析,可以揭示海洋经济运行中存在的主要矛盾和问题,及时发现新出现的主要矛盾和问题,分析问题的性质、形成的原因、对海洋经济发展和运行的影响,揭示这些矛盾和问题发展变化的趋势和动向,从而为政府决策部门有针对性地采取一些经济政策提供依据。

(3)分析海洋经济政策实施的效应和有效性。海洋经济运行质量如何,很大程度上反映了海洋经济政策实施的效应,海洋经济分析能够反映经济政策实施的效应与预期效应的差异、经济政策执行情况、经济政策对各行业的影响情况以及政策实施后产生的新情况和新问题,从而检验海洋经济政策的正确性和适应性,为政府决策部门重新制定或修正现行政策提供全面、可信的参考依据。

(4)预测海洋经济发展趋势和运行态势,提出今后海洋经济管理的对策建议。通过开展海洋经济分析,可以对海洋经济未来的发展走向做出基本判断,包括经济增长的适合速度、经济运行的变化和平稳程度、经济运行质量前景以及经济运行中可能出现的一些问题,从而为决策者提供具有重要参考价值的政策咨询建议。

第三节 海洋经济分析指标

统计指标是经济分析的基础和工具。海洋经济分析是从海洋经济现象的数量方面来认识海洋经济活动的,因此就要借助于海洋经济统计指标。根据统计指标的作用和特点,海洋经济分析所应用的指标包括绝对指标(亦称总量指标)、相对指标和平均指标3类。这3类指标在统计学中都是用于概括和分析现象总体的数量特征和数量关系的,统称为综合指标。海洋经济分析离不开这3种基本的综合指标,其他统计指标都是在这些基本指标的分析基础上进一步加工、演化和具体运用的结果。

一、绝对指标

绝对指标是反映经济现象在一定时间、地点、条件下的总规模或总水平的统计指标。绝对指标也称为总量指标或绝对数。绝对指标是计算相对指标、平均指标和各种分析指标的基础。相对指标和平均指标一般都是由两个相关的绝对指标对比得到的，它们都是绝对指标的派生指标。

绝对指标是统计分析过程中使用的最基本的综合指标，在实际工作中应用十分广泛。在经济分析中，绝对指标主要用于经济总体或各产业的价值量、实物量的差额分析和反映某一经济现象在两个不同时期数量增减的变化。例如，2021 年我国海洋生产总值为 9 248.3 亿元，海水养殖产量为 5 388 万 t。

绝对指标按反映的时间状况不同又分为时期指标和时点指标。时期指标又称时期数，它反映的是经济现象在一段时期内的总量，如海水养殖产量、盐产量、海洋服务业收入等。时期数通常可以累积，从而得到更长时期内的总量。时点指标又称时点数，它反映的是经济现象在某一时刻上的总量，如年末涉海就业人数、涉海企业设备台数、海洋专业在校学生数等。时点数通常不能累积，各时点数累积后没有实际意义。

在经济分析中，绝对指标具有一定的经济内容，一般都有计量单位。按绝对指标所反映的客观事物性质的不同，计量单位可分为实物单位、货币单位和劳动单位，如万标准箱、万元、天等。

使用绝对指标时应注意：

①一般情况下，只有同类现象才能加总。例如，海洋水产品产量和海洋化工产品产量，两者的性质不同，所以不能将两者加总。但在某些特殊情况下，对具体形式不同但使用价值相同的产品，可以折算为标准品后再进行加总，如原煤、原油、天然气、水电等，可以折算成标准煤后加总。

②必须明确绝对指标的含义。只有明确绝对指标的含义，才能科学地确定指标的计算范围和计算方法，进而准确地计算绝对指标。例如，海洋电力业增加值是指电力企业和单位在一定时期内在沿海地区利用海洋能、海洋风能进行电力生产活动的最终成果的货币表现形式。沿海火力发电、核能发电都不是海洋电力业应包括的内容。因此，一定要根据研究目的，统一规定指标的含义。

③统计汇总时必须要有统一的计量单位。同类现象的绝对指标的数值，其计量单位只有统一时，才能加总，否则，在统计汇总时，首先要换算成统一的计量单位。例如，海水水产品的计量单位可用“t”或“kg”表示，计算时要统一。

二、相对指标

相对指标是说明经济现象之间数量对比关系的统计指标，是两个有联系的绝对指标数值之比，又称相对数。相对指标在经济分析中有着较为广泛的应用，其表现形式通常为比例和比率两种。例如，2021 年，我国海洋经济增长速度为 8.3%；海洋生产总值占国内生产总值的7.9%等,都是相对指标。

根据对比基础和研究目的的不同,相对指标可以分为结构相对指标、比例相对指标、动态相对指标、比较相对指标、强度相对指标和计划相对指标6种。在经济分析实践中,比较常用的是前4种。

(1)结构相对指标是总体某部分数值与总体全部数值之比,又称比重或比率,一般用百分数(%)表示,如海洋三次产业比重。利用结构相对指标可以研究总体内各组成部分的分配比重及其变化情况,从而深刻认识事物各个部分的特殊性及其在总体中所占的地位。

(2)比例相对指标是将同一总体各组成部分数量之间做对比而得到的相对指标,又称比例相对数。利用比例相对指标,可以分析总体内各组成部分或各局部之间的数量关系是否协调一致。按比例发展是事物发展的客观要求,如各产业之间的比例、人口性别比例等都可以运用比例相对指标进行分析研究。在比例相对数的计算过程中,分子和分母数值可以互换颠倒。

(3)动态相对指标是指将同类指标在不同时期数量做对比得到的相对指标,一般用百分数(%)或倍数表示。其中的基期可以是上期、上年同期、历史水平最好时期,也可以是具有特殊意义的时期。动态相对指标实际上就是发展速度,在统计分析中应用广泛,利用该指标可以了解经济活动的发展动态和增长速度(即发展速度减1)。当动态相对指标值大于0小于1时,表明报告期水平低于基期水平;当动态相对指标值等于1或大于1时,表明报告期水平达到或超过基期水平。

(4)比较相对指标是将两个不同地区、部门、单位的同类指标做静态对比得到的相对指标,一般用百分数(%)或倍数表示。使用时,相比较的两个指标所属的含义、口径、计算方法和计量单位必须要一致。比较相对指标可以用绝对指标进行对比,也可以用相对指标或平均指标进行对比。但由于总量指标易受总体范围大小的影响,因而,计算比较相对指标时,更多地采用相对指标或平均指标。例如我国人均GDP与英国人均GDP相比。

(5)强度相对指标又称强度相对数,是将有一定联系的两种性质不同的总量指标相比较形成的相对指标,通常以复名数、百分数(%)、千分数(‰)等表示。例如人口密度。

(6)计划相对指标又称计划完成百分数,是将实际完成数与计划任务数相比较,用以表明计划完成情况的相对指标,通常用百分数(%)表示。计划相对指标的分子是实际完成数,分母是计划任务数,分子和分母在指标含义、计算方法、计量单位以及时间长度等方面应该完全一致。同时,分子、分母不允许互换。

相对指标的使用原则:

①要与绝对指标相结合。相对指标虽可以反映现象之间的差异程度，但把现象的绝对水平抽象化，就说明不了现象之间在绝对数量上的差异。因此，应用相对指标进行统计分析时，必须与其背后的绝对水平以及两个对比指标的绝对值结合起来，以全面、正确地认识客观事物。

②要注意分子与分母的可比性。主要是指对比的分子和分母两个指标之间在经济内容、计算范围、计算方法和计量单位等方面要保持一致或相互适应的状态。例如，由于不同时期商品和劳务价格水平的不同，不能简单地将 2011 年海洋生产总值同 2005 年海洋生产总值进行对比，为了保证两者的可比性，应剔除价格因素影响，统一使用不变价。

③要综合运用多种相对指标。一种相对指标只能说明一个方面的问题，在分析、研究复杂现象时，应该将多种相对指标结合起来运用，这样才能把从不同侧面反映的情况结合起来观察分析，从而较全面地说明客观事物的情况及其发展规律。

三、平均指标

平均指标又称平均数，是海洋经济统计中十分重要的指标。平均指标是指同质总体的某一标志值在一定时间、地点条件下达到的一般水平。它在一定意义上反映了总体分布的集中趋势。利用平均指标还可以比较不同空间同一事物一般水平的差异，比较总体的各种标志值的一般水平在时间上的变动过程和趋势，分析现象之间的依存关系。

平均指标是把各个变量之间的差异抽象化，从而说明总体的一般水平。平均指标只能在同质总体中计算，这是计算平均指标的前提。常用平均指标的计算方法主要有 5 种：简单算术平均数、加权算数平均数、几何平均数、众数和中位数。

(1)简单算术平均数是计算平均指标最基本、最常用的方法，是将总体各个单位的指标数值加总除以总体单位个数。在计算算术平均数时，分子与分母必须同属一个总体，在经济内容上有着从属关系，即分子数值是分母各单位标志值的总和。也就是说，分子与分母具有一一对应的关系，有一个总体单位必有一个标志值与之对应。

(2)加权算术平均数是具有不同比重的数据(或平均数)的算术平均数。比重也称为权重，反映了该变量在总体中的相对重要性，每种变量权重的确定与一定的理论经验或变量在总体中的比重有关。依据各个数据的重要性系数(即权重)进行相乘后再相加求和，就是加权和。加权和与所有权重之和的比就是加权算术平均数。加权算术平均数主要用于原始资料已经分组，并得出次数分布的条件。当各个标志值的权数都完全相等时，权数就失去了权衡轻重的作用，这时候，加权算术平均数就成为简单算术平均数。

(3)几何平均数是 n 项变量值连乘积的 n 次方根。在经济分析中,几何平均数常用来计算多年平均发展速度。

(4)众数是总体中出现次数最多的标志值。它能直观地说明客观现象分配中的集中趋势。如果总体中出现次数最多的标志值不是一个,而是两个,那么,合起来就是复(双)众数。只有在总体单位数较多,各标志值的次数分配又有明显的集中趋势时才存在众数;如果总体单位数很少,尽管次数分配较集中,那么计算出来的众数意义也不大;或尽管总体单位数较多,但次数分配不集中,即各单位的标志值在总体分布中出现的次数较均匀,那么也无所谓众数。由于众数是由标志值出现次数的多少决定的,不受资料中极端数值的影响,因此使用众数可以增强对总体一般水平的代表性。

(5)中位数是将各单位标志值按大小排列,居于中间位置的那个单位标志值。对于未分组资料,先将数据按从小到大顺序排列,如项数为奇数,居于中间位置的那个单位标志值就是中位数;如项数为偶数,那么中位数就是中间两个数据的平均数。使用中位数可以不受数列中极大或极小数据的影响,同样也可以增强对总体一般水平的代表性。

第四节　海洋经济分析数据预处理

高质量的数据是统计分析结论可靠性的根本保障。作为统计整理阶段的重点工作,统计数据预处理是对原始数据质量进行审查、诊断、评估及提升的一个过程,它直接决定着分析数据的质量,影响着统计产品的可信度及以此所做决策的科学性。本节重点就统计数据预处理的必要性、步骤和方法进行论述。

一、统计数据预处理的必要性

在统计工作中,人们普遍重视对数据收集和统计分析的研究,却相对忽视对数据收集之后、正式分析之前这一中间阶段的研究,而这一阶段的主要工作就是统计数据的预处理。在数据收集阶段,无论如何仔细认真,不管是一手数据还是二手数据,总是不可避免地会存在一些质量问题。统计调查数据因调查过程中的工作失误、被调查者不配合、抽样方法选取不当、问卷设计不合理等而存在误差;利用信息采集系统收集到的数据,由于数据录入、转换及数据库链接等过程中的失误,可能会出现错误字段、记录重复或缺失等问题;政府统计部门生产的宏观统计数据,也会因人为干扰、体制缺陷等存在数据质量问题;一些上市公司在财务数据上弄虚作假、发布虚假信息;一些商业性调查由于样本选择不规范,调查偷工减料、弄虚作假,甚至人为编造数据,让人对数据质量产生怀疑。正是由于这些问题的客观存在,降低了统计结果的可信度,同时也给后续的研究工作带来严重影响。

统计数据的质量贯穿统计工作始终,数据质量是计量经济模型赖以建立和成功应用的基础条件,保障统计数据的质量是统计分析的关键,为了满足统计分析的实际需要,提高数据质量,保证统计分析结果的客观性、有效性,在正式开展统计分析之前,对统计数据进行预处理是十分必要的。

二、统计数据预处理的步骤

统计数据预处理包括数据审查、数据清理、数据转换和数据验证四大步骤。

(一)数据审查

数据审查主要是检查数据的数量(记录数)是否满足分析的最低要求,字段值的内容是否与调查要求一致,是否全面;还包括利用描述性统计分析,检查各个字段的字段类型,字段值的最大值、最小值、平均数、中位数等,记录个数、缺失值或空值个数等。

(二)数据清理

数据清理主要是针对数据审查过程中发现的明显错误值、缺失值、异常值、可疑数据,选用适当的方法进行"清理",使"脏"数据变为"干净"数据,有利于后续的统计分析得出可靠的结论。当然,数据清理还包括对重复记录的数据进行删除。

(三)数据转换

数据分析强调分析对象的可比性,但不同字段值由于计量单位等不同,往往造成数据不可比。对一些统计指标进行综合评价时,如果统计指标的性质、计量单位不同,也容易导致评价结果出现较大误差,再加上分析过程中的其他要求,需要在分析前对数据进行转换,包括无量纲化处理、线性变换、汇总和聚集、适度概化、规范化以及属性构造等。

(四)数据验证

数据验证的主要目的是初步评估和判断数据是否满足统计分析的需要,决定是否需要增加或减少数据量。利用简单的线性模型以及散点图、直方图、折线图等进行探索性分析,利用相关分析、一致性检验等方法对数据的准确性进行验证,确保把正确和无偏差的数据带入数据分析中。

上述 4 个步骤是逐步深入、由表及里的过程。先是从表面上查找容易发现的问题(如数据记录个数、最大值、最小值、缺失值或空值个数等),接着对发现的问题进行处理,即数据清理,然后提高数据的可比性,对数据进行一些转换,使数据在形式上满足分析的需要。最后则是进一步检测数据内容是否满足分析的需要,诊断数据的真实性及数据之间的协调性等,确保优质的数据进入分析阶段。

三、统计数据预处理的方法

选用恰当的方法开展统计数据预处理,有利于保证数据分析结论的真实性、有效性。根据处理对象的特点和各步骤的不同任务,统计数据预处理可采用的方法包括描述和探索性分析、缺失值处理、异常值处理、数据变换技术、信度和效度检验、宏观统计数据诊断 6 类。

对应统计数据预处理的 4 个步骤,各有不同的处理方法。数据审查阶段主要是对调查数据进行信度和效度检验,利用描述及探索性分析手段对数据进行基本的统计考察,初步认识数据特征;数据清理阶段主要是利用多种插值方法对缺失值进行插补,采用平滑技术进行异常值纠正;数据转换阶段则根据不同的需要可供选择的方法较多,针对计量单位的不同可采用无量纲化和归一化,针对数据层级的不同可采用数据汇总、泛化等方法,结合分析模型的要求可对数据进行线性或其他形式的变换、构造和添加新的属性以及加权处理等;数据验证阶段包括确认上述步骤的正确性与有效性,检查数据的逻辑转换是否造成数据扭曲或偏差,并再次利用描述及探索性分析检查数据的基本特征,对数据之间的平衡关系及协调性进行检验。

(一)描述和探索性分析

描述统计技术主要是对数据开展频数、描述统计量及列联表分析。频数分析是利用非连续变量的频数表,报告出变量个数、记录数以及缺失值等;描述统计量分析主要是计算连续变量的均值、标准差、最小值、最大值、偏度、峰度等统计量,以便检查出超出范围的数据或极端值;列联表分析主要起到交叉分类的作用,从中可以很容易地发现逻辑上不一致的数据。

探索性分析是利用图形直观地考察数据所具有的特征,反映数据的分布特征、发展趋势、集中和离散状况等,主要包括茎叶图、箱形图、散点图、*P-P* 图、*Q-Q* 图、直方图、折线图、饼图、雷达图等。茎叶图把观测数据分为茎和叶两部分,使我们认识到数据接近对称的程度、是否有数据远离其他数据、数据是否集中、数据是否有间隙等特征。箱形图有助于直观地描述分布与离散状况,利用最大值、最小值、中位数、上四分位数和下四分位数等反映出数据的实际分布。散点图用于直观地表现两个或多个变量之间有无相关关系,并反映数据的分布、集中、离散状况。*P-P* 图和 *Q-Q* 图则可用于展示数据是否符合正态分布。直方图、折线图、饼图、雷达图等都可从不同侧面直观反映出数据的特征和趋势。

(二)缺失值处理

对缺失值的处理方法可以分为以下 4 类。

1.忽略

若一条记录中有属性值缺失,则将该条记录排除在数据分析之外。该方法简单易行,但容易导致严重的偏差,仅适用于有少量缺失数据的情况。

2.插补(替代)

插补(替代)可采用以下几种方法:

①使用一个固定的值代替缺失值。所有缺失值用一个常量代替,譬如用字母“N”代替缺失值。当某一属性的缺失值较多,使用此方法可能导致结果出现偏差,因此,此方法也只适合缺失值不多的情况。

②使用均值代替缺失值。对同一属性的所有缺失值都用其平均值代替,可选用简单及加权算术平均数、中位数和众数,要尽量使替代值更接近缺失值,减少误差。

③使用同一类别的均值代替缺失值。对数据按某一标准分类,分别计算各个类别的均值来代替相应类别的缺失值,不同类别的均值可选用不同的平均数。

④使用成数推导值代替缺失值。若同一属性的记录值只有少量几种,可计算各种记录值在该属性中所占比例,并对缺失值同比例赋值,该方法较适合缺失属性为是非标志的情况。

⑤使用最可能的值代替缺失值。利用回归分析、决策树或贝叶斯方法等建立预测模型,利用预测值代替缺失值。该方法相对复杂,但能够最大限度地利用现存数据所包含的信息。

3.再抽样

再抽样包括以下 3 种情况:

①多次访问。对无回答单位进行再次补充调查,尽可能多地获得调查数据。如果缺失数据是不可忽略的,多次访问很有必要,由于积极回答者和不积极回答者之间的数量特征有较大差异,且差异越大,访问次数越需相应增加。

②替换被调查单位。在出现无回答的情况下,为使样本量不低于原设计要求,补救方法之一是实行替换,用总体中最初未被选入样本的其他单位去替代那些经过努力后仍未获得回答的单位,替换时应尽可能保证替代者和被替代者的同质性。

③对无回答单位进行子抽样。当后续访问的单位费用昂贵时,子抽样可作为减少访问次数的一种方法。

4.加权调整

加权调整是指利用调整因子来调整包含缺失数据所进行的总体推断,将调查设计中赋予缺失数据的权数分摊到已获取数据上。该方法的前提是已获得数据与缺失数据之间没有显著差异，主要用于单位数据缺失情况下的调整。

（三）异常值处理

异常值处理的首要任务是检测出孤立点。异常值可能是数据质量问题所致，也可能反映事物现象的真实发展变化，所以检测出异常值后必须判断其是否为真正的异常值。检测异常值的方法主要包括统计学方法、基于距离的方法和基于偏离的方法，但这些方法比较复杂，应用难度较大。

1.统计学方法

首先对源数据假设一个分布或概率模型，然后根据模型采用相应的统计量做不一致性检验来确定异常值。常用的方法是用切比雪夫定理来检测异常值。该方法要求知道数据的分布参数，而多数情况下这一条件难以满足，故此方法的应用具有一定的局限性。

2.基于距离的方法

源数据中数据对象至少有 p 部分与数据对象 O 的距离大于 d，则数据对象 O 是一个带参数 p 和 d 的基于距离的异常值，常用的距离是欧氏距离。

3.基于偏离的方法

通过检查一组数据对象的主要特征来确定异常值，与给出的描述相“偏离”的数据对象被认为是异常值。对检测出的事实异常值还要进行处理，处理方法主要是采用分箱、聚类、回归等数据平滑技术，按数据分布特征修匀源数据。

（四）数据变换技术

数据变换是通过一定的方法将原始数据进行重新表达，以改变原始数据的某些特征，增进对数据的理解和分析。一般包括以下 5 类。

1.对原始数据重新分类、编码、定义变量和修改变量

对于以下两种情况，有必要将原始数据重新分类或重新编码：

①希望将数据分成更有意义的类别。

②希望将数据合并成更少的几大类别。重新定义变量或修改现有变量也经常用到，有时变量间呈现出曲线关系，分析前可能需要利用现有变量定义新的变量。重新定义变量的另一种情况是标准化，目的是使不同计量单位或不同量级的变量在分析中具有可比性。

2.数据的代数运算

当变量间的关系是非线性关系时，有时为了便于模型求解，需对数据进行一些代数运算，譬如对数、指数、幂运算等，当然也可能是多种运算的组合。

3.数据汇总和泛化

对数据进行汇总或合计操作，譬如对日销售额进行汇总可得到月销售额和年销

售额;数据泛化处理则是用更抽象(更高层次)的概念取代低层次或数据层的数据对象,如县级属性可以泛化到地级市、省、国家等更高层次的概念。

4.属性构造

根据给定的属性(字段),构造新的属性(字段),以便更好地理解数据结构和更容易发现变量间的关系。例如,可以根据“长”和“宽”添加属性“面积”、根据“产量”和“价格”得到“产值”这样的新属性。

5.加权处理

有时对调查取得的数据需要进行加权处理,以使样本更具有代表性或是强调某些被调查群体的重要性。

(五)信度和效度检验

问卷调查通过获取样本信息以推断总体特征,推断结果是否真实可靠依赖于样本信息的准确性和代表性。如果样本不具有代表性,对总体的推断结果便会失真。因此,必须对样本数据所能达到的正确程度和水平高低做必要的检验,即信度和效度检验。信度是对调查对象而言的,主要反映回答前后是否一致,即调查结果的可靠性;效度是针对调查统计所要研究的问题而言,主要反映调查工具是否合适,即调查结果的正确性。

信度是指调查统计结果的稳定性或一致性,也就是对同一对象重复进行调查或测量,所得结果的一致程度。可表示为 N 次调查中有多少次是正确的,或每次调查正确的概率是多少。信度的度量通常是以相关系数来表示的,又称信度系数,可以利用相关分析、计算 α 系数等方法来进行检验。效度是指调查结果反映客体的准确程度,反映出调查问卷本身设计的问题。如果问题设计得科学、合理,能够对调查对象进行很好的测量,那么效度就高,反之则低。效度检验具体包括内容、准则和建构 3 个方面,分别对应内容效度、准则效度和建构效度,可以利用相关分析和因子分析等方法进行检验。

(六)宏观统计数据诊断

宏观统计数据诊断是通过适当的理论方法,发现对研究结果的可靠性产生显著不良影响的数据。对横截面数据的质量诊断主要基于计量模型通过各种诊断统计量来进行,而对时间序列数据则通过时间序列分析来进行。宏观统计数据诊断主要包括以下几种方法。

1.分量指标对总量指标的支撑度判断

选取与总量指标密切相关的分量指标进行多元回归分析,建立相应的模型,测算出分量指标数据所能支撑的总量指标数值,再将支撑数据与现实数据进行比较。

2.宏观统计数据的因果性分析

如果某个变量的统计数据存在异常,利用与其存在因果关系的变量进行推论,可以得到该变量的真实数据，以对其进行修正。

3.各专业数据之间的匹配关系判断

国民经济各指标间存在着一定的比例关系，把握主要经济指标的合理数量界限，界定其趋势范围，是检验这些数据质量的关键。利用主要经济指标间的比例关系，能够检测出未来短期内的数据置信程度。

4.时间序列的预测值与实际值的比较

以经济指标的现有数据为基础，利用各个经济变量自身发展情况的走势进行最优化模拟，建立相应的时间序列模型，对相应指标进行预测，可得到该指标在理论上应该达到的数值，然后与实际数据相对比，以此评价实际数据与理论值的接近程度。

5.其他手段

其他手段包括全面调查与抽样调查的结果验证，投入产出调查与国民经济核算资料验证，利用统计执法检查的结果对数据进行调整等。

统计数据预处理必须以统计分析的要求为出发点，其目的是提高进入分析阶段的数据质量。进行统计数据预处理时，并非每一次都要对所有步骤进行操作，而应根据研究的目的、内容及数据特点，选用恰当的预处理方法和步骤。

第五节　海洋经济分析方法

正确的分析方法对开展海洋经济分析是非常重要的。它需要根据分析的对象和要达到的分析目的，科学地选择各种分析方法来组合使用，以全面深刻地认识海洋经济发展规律及其数量特征。从理论上讲，海洋经济分析方法是国民经济分析方法在海洋经济领域的应用，在实践中重点考察和检验的是其在海洋经济分析中的适用性。

一、宏观经济分析方法

（一）静态分析法

静态分析法也叫静态均衡分析法，是指完全抽象掉时间因素和经济变动过程，在假定各种基本经济条件稳定不变，即人口数量、资本存量、技术知识水平等均保持不变的条件下，分析经济现象均衡状态的形成及其条件的方法。简单地说，就是抽象了时间因素和具体经济的变动过程，静止地、孤立地考察某些经济现象。在分析的过程中，从基本因素开始，逐步扩展、增加因素，进而展开分析的层次。静态分析法一般用于分析经济现象的均衡状态以及有关经济变量达到均衡状态所需要的条件，通常使用短期资料和横截面数据来分析经济活动的特征和规律性。常用的静态分析法有相对数分析法、平均数分析法、比较分析法、结构分析法、因素替换分析法、综合计算分析法和价值系数分析法等。

（二）比较静态分析法

比较静态分析法是对个别经济现象的一次变动前后以及两个或两个以上的均衡位置进行比较，而撇开转变期间和转变过程本身的分析方法。因此，比较静态分析法将构成增长的各个孤立的均衡状态加以比较，而不涉及从一种均衡状态发展到另一种均衡状态的调节过程和转化过程。也就是说，比较静态分析法不考虑由经济制度中固有的内生因素所决定的经济发展的过程。以自变量和因变量的状态为参照点的研究方法来分类，比较静态分析方法就是对同一个经济问题，考察自变量的变化会引起因变量的均衡值发生变化的情况。

（三）动态分析法

动态分析法是指考虑到时间因素，把经济现象的变化看作一个连续的发展过程，对从原有的均衡过渡到新均衡的实际变化过程进行分析的方法。其分析的角度不再是时点上的状态，而是过程上的特征和规律性。不是把经济分析的变量看作不断重复的变动，而是基于经济变量的时序关系展开分析，即随时间变化的经济过程以及经济发展由内生因素决定的过程。动态分析法十分重视时间因素和过程分析。

在经济学中，动态分析是对经济变动的实际过程所进行的分析，其中包括分析有关变量在一定时间过程中的变动，这些经济变量在变动过程中的相互影响和彼此制约的关系以及它们在每一个时点上变动的速率等。动态分析法的一个重要特点是考虑时间因素的影响，并把经济现象的变化当作一个连续的过程来看待。在宏观经济学中，特别是在经济周期和经济增长研究中，动态分析法占有重要的地位。

（四）比较动态分析法

比较动态分析法是基于动态分析法进行的。如果说动态分析是就一个经济过程所进行的分析，那么比较动态分析就是对两个经济过程的比较分析，比较差异集中在两个方面，一方面是变量之间的时滞关系；另一方面是变量之间的依存关系，即参数变动。

（五）均衡分析法

均衡是指经济体系中各种相互对立或相互关联的力量在变动中处于相对平衡而不再变动的状态。分析经济均衡的形成与变动条件的方法，叫作均衡分析法。均衡分析法又分为一般均衡分析法和局部均衡分析法，二者相互对应、相互区别。

一般均衡分析法，是分析整个经济体系的各个市场、各种商品的供应同时达到均衡的条件与变化的方法。它是在与整个经济体系有关的前提为已知的条件下，以各经济因素的内在联系为依据,建立联立方程,通过数学模型,推导出与均衡状态要求相适应的各经济变量的大小,从而说明整个经济体系的均衡条件及其相应经济变量的决定。

局部均衡分析法,是在不考虑经济体系某一局部以外的因素影响条件下,分析这一局部本身所包含的各种因素相互作用中,均衡的形成与变动的分析方法。在研究经济体系中某一局部问题时,在合理的假定下,运用局部均衡分析法可以使问题简单明了,易于分析和说明。局部均衡分析法多应用于微观分析中。

(六)边际分析法

边际分析法是利用边际概念对经济行为和经济变量进行数量分析的方法。边际是指自变量发生少量变动时,在边际上因变量的变动量。这种方法对经济变量相关关系的定量分析比较严密,被广泛应用于现代经济研究中,经常用边际分析法来计算贡献率。边际分析法的特点:

①数量分析,研究微增量的变化及变量之间的关系,可使经济理论精细地分析各种经济变量之间的关系及其变化过程,使之对经济变量相互关系的定量分析更严密。

②最优分析,研究因变量在某一点递增、递减的变动规律,这种边际点的函数值就是极大值或极小值,边际点的自变量是做出判断并加以取舍的最佳点,据此可以做出最优决策。

③现状分析,它根据两个微增量的比求解,计算新增自变量所导致的因变量的变动量,这表明边际分析是对新出现的情况进行分析,即属于现状分析。

在现实社会中,由于各种因素经常变化,用过去的量或过去的平均值概括现状和推断今后的情况是不可靠的,而用边际分析法则更有利于考察现状中新出现的某一情况所产生的作用以及所带来的后果。

边际分析法的一般形式为 $\Delta Y/\Delta X$,它研究一个变量的增量变化对另一个变量增量的影响程度。通常情况下,分子是分母的一部分,分母是自变量,分子是因变量,即分母是因,分子是果。

二、经济统计分析方法

(一)描述性统计分析方法

描述性统计分析是运用科学的变量体系来描述、分析一个经济运行整体的数量特征。在这个过程中需要指标体系的选定,也需要对所选定的变量进行准确核算、推算和估算,还需要变量数据的可比性处理方法,这些方法既需要经验,也需要理论,还需要统计技术或技巧。描述性统计分析方法是经济分析应用的一个非常重要的基础。该方法在数据分析的时候,首先要对数据进行描述性统计分析,以发现其内在的规律,再进一步选择分析的方法。描述性统计分析要对调查总体所有变量的有关数据做统计性描述,主要包括数据的频数分析、数据的集中趋势分析、数据的离散程度分析、数据的分布以及一些基本的统计图表。

(1)数据的频数分析可用于数据的预处理,一般使用频数分析和交叉频数分析来检验异常值。此外,频数分析也可以发现一些统计规律。比如,收入低的被调查者用户满意度比收入高的被调查者高,或者女性的用户满意度比男性的用户满意度低等。不过这些规律只是表面的特征,在后面的分析中还要经过检验。

(2)数据的集中趋势分析是用来反映数据的一般水平,常用的指标有平均值、中位数和众数等。如果各个数据之间的差异程度较小,用平均值就有较好的代表性;而如果数据之间的差异程度较大,特别是有个别极端值的情况,用中位数或众数则有较好的代表性。

(3)数据的离散程度分析主要用来反映数据之间的差异程度,常用的指标有方差和标准差。方差是标准差的平方,反映了各变量值与均值的平均差异,根据不同的数据类型有不同的计算方法。

(4)数据的分布在统计分析中主要用于检验数据样本是否符合正态分布,常用的指标有偏度和峰度。偏度衡量的是样本分布的偏斜方向和程度;峰度衡量的是样本分布曲线的尖峰程度。一般情况下,如果样本的偏度接近0,而峰度接近3,就可以判断总体的分布接近正态分布。

(二)相关分析法

相关分析法是分析一个经济变量与另一个经济变量之间相关关系的一种重要方法。一般而言,相关分析包括回归和相关两个方面的内容,因为回归与相关都是研究两个变量相互关系的分析方法。但就具体方法所解决的问题而言,回归分析和相关分析是有明显差别的。相关系数能确定两个变量之间相关方向和相关密切程度,但不能指出两个变量相互关系的具体形式,也无法从一个变量的变化来推测另一个变量的变化情况,而这恰恰是回归分析的优势所在。

相关分析研究的内容主要包括:

①确定谁是因,谁是果,或是互为因果;

②计算相关系数,确定相关关系的存在、相关关系呈现的形态和方向以及相关程度的高低;

③确定相关关系的数学表达式;

④确定因变量估计值的误差程度。

相关系数 r 的符号反映相关关系的方向,其绝对值的大小则反映相关关系的密

切程度，相关系数的绝对值不会超过1。当$|r|=1$时，表示两个变量为完全相关；当$0<|r|<1$时，表示两个变量间存在着一定的线性关系，$|r|$数值越大，越接近1，表示两个变量线性相关的程度越高，反之则表示两个变量线性相关的程度越低。通常的判断标准是：$|r|<0.3$称为弱相关；$0.3<|r|<0.5$称为低度相关；$0.5<|r|<0.8$称为显著相关；$0.8<|r|<1$称为高度相关。当$r>0$时，表示两个变量为正相关，当$r<0$时，表示两个变量为负相关。当$|r|=0$时，表示一个变量的变化与另一变量无关，两个变量完全没有线性相关关系。

（三）多元统计分析方法

多元统计分析方法是处理多个变量的综合统计分析方法，它可以把多个变量对一个或多个变量的作用程度大小表示出来，反映事物多变量间的相互关系；可以消除多个变量的共性，将高维空间的问题降至低维空间，在尽量保存原始信息量的前提下，消除重叠信息，简化变量间的关系；可以通过事物的表象，挖掘事物深层次的、不可直接观测到的属性，即引起事物变化的本质；也可以透过繁杂事物的某些性质，将事物进行识别、归类。最常用的多元统计分析方法有主成分分析方法、因子分析方法和聚类分析方法等。

（1）主成分分析方法也称为主分量分析方法，是利用降维的思想，将多个指标重新组合成一组相互独立的少数几个综合指标的多元统计分析方法。在多因素评价中，由于涉及的指标多，各指标间往往又存在一定的相关关系，而且量纲有差异，使得不同指标间难以进行直接比较，因此需要从多个指标中构造出少数几个综合指标，这样既能综合反映原来指标的信息，又尽可能不含重复信息。主成分分析方法具有以下优点：

①全面性。在选择了主分量后，仍能保留原始数据信息量的85%以上，保证了对研究问题的全面评价。

②可比性。一是对指标进行标准化以后，消除了原始数据数量级上的差异，使各指标间具有可比性和可加性；二是对M个主成分进行线性加权，使M个综合因子化为一个综合评价函数，通过综合评价函数数值的大小对不同样本进行比较，并排出名次，解决了样本间可比性的问题。

③合理性。综合评价函数中的权重不是人为确定的，而是根据主成分的方差贡献率的合理性来确定的。方差越大的变量越重要，因此该变量的权重越大。

（2）因子分析方法是主成分分析方法的推广，它也是利用降维的思想，通过研究变量变动的共同原因和特殊原因，从变量群中找出隐藏的具有代表性的因子，将相同本质的变量归入一个因子，把多变量归结为少数几个综合因子的一种多元统计分析方法。因子分析方法具有以下两大优点：

①减少了分析变量个数；

②通过对变量间相关关系的检测，对原始变量进行了分类，把相关性高的变量分为一组，并找出共性因子来代替该组变量。

（3）聚类分析方法又称群分析方法，是根据“物以类聚”的原理对指标进行分类的一种多元统计分析方法。聚类分析的过程是将指标分类到不同的类或者簇中，同一类中的个体有很大的相似性，而不同类间的个体差异性很大。聚类分析方法具有以下 3 个优点：

①适用于没有先验知识的分类；

②可以处理多个变量决定的分类；

③能够分析指标的内在特点和规律。

进行聚类分析时需要定义指标间的距离，常见的距离有绝对值距离、欧氏距离、明科夫斯基距离和切比雪夫距离。聚类的方法包括直接聚类法、最短距离聚类法和最远距离聚类法。聚类分析的计算方法主要有分裂法、层次法、基于密度的方法、基于网格的方法和基于模型的方法等。

（四）其他统计分析方法

在统计分析中，经常使用的经济统计分析方法还有比例分析法、速度分析法、弹性分析法、比较分析法和分组法等。此外，利用现代统计思想专门开发使用的综合分析指标或综合评价指标的方法，也是经济统计分析方法的重要内容。

（1）比例分析法。比例分析法是经济活动分析中最常用，也是最基本的方法之一。它是通过一个指标值与另一个指标值相比，从而得出一个比率，并且通过这个比率分析和判断经济活动成果的一种方法。比例分析法的一般形式为 $A/B\times100\%$，该方法的特点是简单实用，但使用时要注意比较对象的合理性，研究它的合理界限。

（2）速度分析法。速度分析法即计算增长速度，也是统计分析中最常用的方法之一。根据所用的价格不同，增长速度又分为现价（名义）增长速度和不变价（实际）增长速度，前者包含价格因素，后者剔除了价格因素的影响。根据计算的基期不同，增长速度又可分为同比增长率和环比增长率，前者是与上年同期相比的增长速度，后者是与上期（月或季）相比的增长速度。

（3）弹性分析法。弹性分析法是利用弹性系数对两个相关经济变量之间的关系进行分析的方法。所谓弹性系数就是一个经济变量的增长率与另一个相关经济变量的增长率之间的比值。其一般形式为 $\left(\frac{\Delta X}{X}\right)\Big/\left(\frac{\Delta Y}{Y}\right)$，使用时要求对比的两个变量之间有较明显的相关关系，而且如果分母是实物量指标，则分子也应为实物量指标或可比价指标。

(4)比较分析法。比较分析法是通过比较找出规律和存在问题的一种分析方法。许多问题和差距都是通过相互比较得出来的。具体应用时,可以从总体、结构、因素、联系、时间和地域等多个角度对所研究的问题进行比较分析,可以做横向(静态)比较,也可以做纵向(动态)比较。使用时要注意相互比较的指标在内涵和外延、计算方法、计量单位、总体性质等方面的可比性。

(5)分组法。分组法是指为了区分事物的质,或表明某一总体内部结构或整个结构的类型特征,或分析现象之间的依存关系,按照某种(变异)标志将总体区分为若干部分或若干组的一种统计整理分析方法。

(6)综合指标法。综合指标法包括绝对指标、相对指标和平均指标。其中相对指标和平均指标都是在绝对指标的基础上计算加工出来的。这些指标前文均有描述。

三、数量经济分析方法

(一)回归分析法

回归分析法是在相关关系的基础上,具体描述因变量对自变量的线性依赖关系,寻找能够清楚表明变量间相关关系的数学表达式,并根据这个表达式进行分析和预测的分析方法。回归分析有多种分类,根据自变量的多少,分为一元回归和多元回归;按照回归方程的类型,分为线性回归和非线性回归;根据自变量性质的不同,包括普通回归和自回归,前者的自变量与因变量含义不同,后者的自变量就是因变量,只是相位不同(提前一个或若干个相位);根据确定参数过程的不同,分为常规回归、微分回归和积分回归等,分别用原始数据、原始数据的微分或积分确定回归参数。

回归分析中把变量分为两类,一类是因变量,它们是实际问题中所关心的一类指标,通常用 Y 表示;而影响因变量取值的另一变量称为自变量,通常用 X 表示。回归分析研究的主要内容包括:

①确定 X 和 Y 之间的定量关系表达式,建立回归方程并估计其中的未知参数;

②对回归方程的可信度进行检验;

③判断自变量 X 对 Y 有无影响,将影响显著的自变量选入模型中,而剔除影响不显著的变量,通常用逐步回归、向前回归和向后回归等方法;

④利用最终的回归方程进行预测和控制。

回归方程的一个重要作用在于根据自变量的已知值推算因变量的可能值。这个可能值也称估计值、理论值、平均值,它和真正的实际值可能一致,也可能不一致。当估计值与实际值不一致时,表明推断不够准确,也就是说估计值和实际值之间存在误差,这种误差有的是正差,有的是负差。回归方程的代表性如何,一般是通过估计标准误差加以检验,只有在估计标准误差较小的情况下,用回归方程做估计或预测才具有实用价值。

(二)时间序列分析法

时间序列分析法是根据客观事物发展的连续规律性,应用数理统计方法,通过对时间序列数据的分析和建模,推测未来发展趋势的一种动态统计分析方法。时间序列分析的基本原理:一是承认事物发展的延续性,应用历史数据,就能推测事物的发展趋势;二是考虑事物发展的随机性,任何事物发展都可能受偶然因素影响,因此要利用适当的分析方法对历史数据进行处理。时间序列分析法在经济研究中广泛使用。

时间序列数据是按时间顺序排列的一组数字序列,通常由 4 种要素组成,包括趋势要素、季节变动要素、循环波动要素和不规则波动要素。趋势要素是时间序列在长时期内呈现出来的持续向上或持续向下的变动;季节变动要素是时间序列在一年内重复出现的周期性波动;循环波动要素是时间序列呈现出的非固定长度的周期性波动;不规则波动要素是时间序列中除去趋势、季节变动和循环波动之后的随机波动。

时间序列建模的基本步骤:

①用观测、调查、统计、抽样等方法取得时间序列动态数据。

②根据动态数据做相关图,进行相关分析,求出自相关函数。相关图能显示出变化的趋势和周期,并能发现跳点和拐点。跳点是指与其他数据不一致的观测值,如果跳点是正确的观测值,在建模时应考虑进去,如果是反常现象,则应把跳点调整到期望值;拐点则是指时间序列从上升趋势突然变为下降趋势的点,如果存在拐点,则在建模时必须用不同的模型去分段拟合该时间序列。

③辨识合适的随机模型,进行曲线拟合。对短的时间序列,可用趋势模型和季节模型加上误差来进行拟合;对平稳时间序列,可用通用 ARMA 模型(自回归滑动平均模型)及其特殊情况的自回归模型、滑动平均模型或组合 ARMA 模型等来进行拟合;当观测值多于 50 个时一般都采用 ARMA 模型。对非平稳时间序列则要先将观测到的时间序列进行差分运算,化为平稳时间序列,再用适当模型去拟合这个差分序列。

(三)计量经济模型方法

计量经济模型方法是利用数学模型对经济运行的内在规律、发展趋势进行分析和预测的一种方法,是融经济理论、数学和统计学于一体的专门分析技术,可以用来描述宏观经济主要变量的基本特征和数量关系,进行预测、模拟和规划等方面的分析。一个国家或地区的经济整体,可以建立一个宏观计量经济模型,作为提高宏观经济科学决策的常用手段。

计量经济模型方法主要包括结构分析、经济预测、政策评价和理论检验4个方面。结构分析就是揭示变量之间的关系,是通过对模型结构参数的估计实现的。经济预测是利用基于样本建立的模型对样本外的经济主体状态进行的预测,曾经是经典计量经济学模型的主要应用。政策评价是将建立的模型作为"经济政策实验室",评价各种拟实施政策的效果。理论检验是在计量经济学模型建立过程中完成的,如果模型总体设定是基于先验理论的,那么当模型通过了一系列检验以后,就认为该先验理论在一定概率意义上经受了样本经验的检验。

应用计量经济模型时需要注意,不同的应用目的对模型构建有不同的要求,不可能建立一个适用于所有应用目的的模型。用于结构分析的模型必须是结构模型,而具有政策评价功能的模型必须是包含政策变量的结构模型。同样是用于预测,基于截面随机抽样数据建立的结构模型,对截面非样本个体的预测效果一般较好;而基于时间序列数据建立的结构模型,对样本外时点的预测效果一般较差。同样以时间序列数据为样本建立预测模型,如果政策有效,则必须建立结构模型;如果政策无效,则可以建立"无条件预测"的随机时序模型。同一个结构模型,如果用于结构分析,解释变量需要具备弱外生性;如果用于预测,解释变量需要具备强外生性;如果用于政策分析,作为解释变量的政策变量必须具备超外生性。

(四)投入产出分析方法

投入产出分析方法是关于国民经济部门间技术经济联系分析的一种技术方法。在现实经济中,一个比较大的经济体由于各地区资源禀赋和自身发展特点等不同,各产业发展程度往往相差很大。在某地区发展已经相对成熟、生产规模很大的产业,在别的地区有时却会发展缓慢、滞后。而经济活动是由许多产业部门组成的有机整体,这些部门间在生产和分配上有着非常复杂的经济联系和技术联系。每个部门都有双重身份,一方面,作为生产部门把产品提供给其他部门作为消费资料、积累和出口物资等;另一方面,该部门的生产过程也要消耗别的部门或本部门的产品和进口物资。投入产出表就是反映一定时期内各部门间相互联系和平衡比例关系的一种平衡表,又称部门联系平衡表。

投入产出表是投入产出分析的基础和基本工具,表中第Ⅰ象限反映部门间的生产技术联系,是表的基本部分;第Ⅱ象限反映各部门产品的最终使用;第Ⅲ象限反映国民收入的初次分配;第Ⅳ象限反映国民收入的再分配,因其说明的再分配过程不完整,有时可以不列出。投入产出表根据不同的计量单位,分为实物表和价值表;按不同的范围,分为全国表、地区表、部门表和联合企业表;按模型特性,分为静态表、动态表。此外，还有研究诸如环境保护、人口、资源等特殊问题的投入产出表。1987年，我国明确规定每五年（逢二、逢七年份）进行一次全国投入产出调查和编表工作。

（五）经济周期分析方法

经济周期分析方法是一种动态数量分析的系统方法，即在统计系统描述基础上，分析经济周期波动的因素、机制和控制过程。经济周期分析方法的主要目的是探究引发经济波动背后的推动力，因此需要构建一个具有放大初始冲击的内在传导机制，从而使我们能从理论上阐释清楚经济是如何在受到一个初始的、短期的、幅度小的冲击与扰动以后，经由这一内在传导机制的放大而成为一个幅度大的、时间相对持久的经济波动。

现代时间序列分析方法在经济周期分析中占据重要地位，此外还有系统动力学、VAR 等方法。在应用经济周期分析方法来解释现实中的经济增长波动时，需要比较充足（长时间序列）和完善（质量高）的统计数据，而且要依据实际情况加以验证和调整。

四、海洋经济分析中需注意的问题

（一）要综合运用多种分析方法从多角度进行分析

分析海洋经济发展情况，只看全年的海洋生产总值数据很难说明问题的全部。但如果用多种方法来分析，例如，用动态分析法分析近几年海洋经济水平的高低和发展速度的快慢；用经济周期法分析海洋经济周期波动原因及机制；用时间序列法分析海洋经济发展趋势；用比例分析法对各主要海洋产业进行解剖，对比分析各海洋产业发展情况；用聚类分析法分析沿海各地区海洋经济发展水平的高低；用经济效益分析法对海洋经济效益进行分析评估，那么我们对海洋经济的基本状况就有了总体的认识和了解。然后在此基础上抓住其中的主要矛盾和关键问题，就可以把分析引向深入。当然，并不是分析每个问题都必须综合运用各种分析方法，需要针对分析对象灵活选择。

（二）要采取定性分析与定量分析相结合的方法

定性分析是根据现有资料和经验，主要运用演绎、归纳、类比以及矛盾分析的方法，对事物的性质进行分析研究。定性分析主要从实地调查收集资料，通过选择能代表事物本质特征的典型事例进行研究而获得结论。定性分析可以较快地从纷繁复杂的事物中找出其本质要素。但由于定性分析忽略了同类事物在数量上的差异，结论多具有概貌性，并带有一定程度的主观成分，因此不容易根据定性分析的结论来推断所涉及的社会经济现象的总体。定量分析是研究经济现象的数量特征、数量关系和发展过程中的数量变化的方法。定量分析可以为认识经济现象提供量的说明,反映事物的数量情况。定量分析是现代统计调查分析的主要方法。但定量分析也有一定的局限性。只有把定量分析与定性分析结合起来,才能形成完整的、科学的分析方法体系。

(三)要善于使用比较分析的方法

比较是认识事物的基本方法,也是统计分析的基本方法。统计分析离不开比较,如分组法、动态数列法、标准化方法等统计分析方法,它们有一个共同的特点,都是通过比较来说明问题。比较可以分为纵比和横比。纵比是事物现状与历史的比较,它可以反映事物前后的变化,揭示事物的内部联系。横比是一事物与其他同类事物的比较,它可以反映事物之间的差距,找出事物的外部联系。在统计分析中使用比较的地方较多,如实际完成数与计划数比、本期与上期比、本期与上年同期比、本单位与外单位比等。使用比较应注意可比性,指标的口径范围、计算方法、计量单位必须一致,比较的指标类型必须统一,比较单位的性质必须相同。

(四)要善于进行系统分析

社会是一个错综复杂、互相联系的有机整体。在分析过程中,不但要注意研究对象所包含的各因素之间的相互联系、相互制约的关系,而且要用系统的眼光将所研究的对象放在社会大系统中去考察。例如,2008 年我国海洋船舶工业保持快速发展,单从产业本身看,似乎没有多大问题,但是将其放在整个国民经济大系统中来分析,2008 年全球范围的金融危机对我国国民经济造成了很大的影响,但由于当时我国造船企业手持订单较充裕,使得金融危机的影响相对滞后,在这样的发展环境下,作为外向型产业的海洋船舶工业,金融危机的长期影响不容忽视,未来发展速度肯定会降低。这就是从系统分析中得出的观点。只要我们从多层次、多角度去进行分析,就可以使认识不断深化,逐步由感性上升到理性,弄清事物的本质和规律。

第二章
海洋经济总量分析

第一节　海洋经济总量变动分析

总量是反映整个社会经济活动状态的经济变量。总量指标包括以下两类:

①个量的总和,如国内生产总值、总投资和总消费等。

②平均量或比例量,如价格水平是各种商品与劳务的平均水平,并以某时期的基期计算的百分比。总量分析是指对宏观经济运行总量指标的影响因素及其变动规律进行的分析,如国内生产总值、消费额、投资额、银行贷款总额及物价水平的变动规律的分析,进而说明整个经济的状态和全貌。总量分析主要是一种动态分析,因为它主要是研究总量指标的变动规律。同时,也包括静态分析,因为总量分析包括考察同一时期内各总量指标的相互关系,如投资额、消费额和国内生产总值的关系等。对海洋经济总量进行统计分析,能够全面反映我国海洋经济总体运行状况,科学评价海洋经济发展规律和趋势。

海洋经济总量的核心指标是海洋生产总值,而海洋经济增长速度是反映海洋经济总量在不同时期的发展变化程度、海洋经济是否具有活力的基本指标。海洋经济增长速度也称为海洋经济增长率,其大小代表海洋经济增长的快慢,代表海洋经济水平提高所需时间的长短,是政府部门和学者都非常关注的指标。

(一)发展速度和增长速度

发展速度是某指标报告期数值与该指标基期数值的比值。它表示发展变化相对程度,即报告期是基期的百分之几或若干倍,常用百分数或倍数表示,其计算公式为

$$发展速度 = \frac{报告期数值}{基期数值} \tag{2-1}$$

增长速度是某指标报告期增长量与基期数值的比值，它表明该指标的报告期比基期增长了百分之几或若干倍，其计算公式为

$$增长速度 = \frac{报告期增长量}{基期数值} \tag{2-2}$$

增长速度与发展速度的关系为

$$\begin{aligned} 增长速度 &= \frac{报告期增长量}{基期数值} = \frac{报告期数值 - 基期数值}{基期数值} \\ &= \frac{报告期数值}{基期数值} - 1 = 发展速度 - 1 \end{aligned} \tag{2-3}$$

根据增长速度与发展速度的关系，当发展速度高于1时，增长速度大于0，表明该指标发展水平的增加，其具体数值体现了增长程度；当发展速度低于1时，增长速度小于0，表明该指标发展水平的下降，其具体数值体现了下降程度。

（二）定基增长速度、同比增长速度和环比增长速度

定基增长速度是报告期水平相对某一固定时期水平（通常是最初水平）的增长量与固定时期水平之比，其计算公式为

$$\begin{aligned} 定基增长速度 &= \frac{报告期水平相对最初水平的增长量}{最初发展水平} \times 100\% \\ &= 定基发展速度 - 1 \end{aligned} \tag{2-4}$$

同比增长速度是年距增长量与去年同期发展水平之比，其计算公式为

$$同比增长速度 = \frac{年距增长量}{去年同期发展水平} \times 100\% = 同比发展速度 - 1 \tag{2-5}$$

环比增长速度是报告期增长量与前一期水平之比，其计算公式为

$$环比增长速度 = \frac{本期增长量}{前一期水平} \times 100\% = 环比发展速度 - 1 \tag{2-6}$$

同比增长速度可以消除季节变动的影响，用来说明本期发展水平与去年同期发展水平相比达到的相对增长速度。环比增长速度表明对象逐期的发展水平，由于是本期与上一期作比较，因此易受到季节变化的影响。同比增长速度和环比增长速度多用于衡量季度和月度指标的增长情况，两者各有千秋，实际中应综合运用。

（三）年度增长速度和年均增长速度

年度增长速度衡量的是两年之间数值的变化，其计算公式为

$$年度增长速度 = \frac{报告期水平 - 基期水平}{基期水平} \times 100\% = 年度发展速度 - 1 \tag{2-7}$$

如果基期指标值为 a_0，报告期指标值为 a_n，那么年均增长速度的计算公式为

$$年均增长速度 = \sqrt[n]{\frac{a_n}{a_0}} - 1 \tag{2-8}$$

这里需要注意的是，年均增长速度不等于每年增长速度的简单算术平均。

报告期相对基期的定基发展速度可以通过报告期与基期间逐年的环比发展速度来换算，其计算公式为

$$\frac{a_n}{a_0} = \frac{a_1}{a_0} \times \frac{a_2}{a_1} \times \cdots \times \frac{a_{n-1}}{a_{n-2}} \times \frac{a_n}{a_{n-1}} \tag{2-9}$$

(四)现价指标、可比价指标

现价又称当前价格，是指报告期当年的市场价格。现价指标是用现价计算的以货币表现的价值量指标，如国内生产总值、社会商品零售总额和固定资产投资完成额等，能够反映当年的现实情况，便于考察同一年份中不同指标之间的联系并进行对比，以便对生产、分配、流通、消费之间进行综合平衡。

不变价格亦称固定价格、可比价格，是指固定某一时期或某一时点的产品价格不变，作为计算一定时期内产品产值的价格。不变价格是各级计划部门、统计部门、管理部门和生产企业计算产品产值的依据，它的目的在于消除不同时期价格变动的影响。

不变价格只是在一定时期内不变，并非永远不变。例如，随着工农业产品价格水平的变化，不变价格在使用一段时间之后，需要重新编定。国家统计局已先后 8 次制定了全国统一的工业产品不变价格和农产品不变价格，即 1952 年不变价格，1957 年不变价格，1970 年不变价格，1980 年不变价格，1990 年不变价格，2000 年不变价格，2005 年不变价格，2010 年不变价格。同一年份利用不同的不变价格计算出来的指标数值是不一样的。

可比价格是指计算各种总量指标所采用的扣除了价格变动因素的价格。可比价指标是指用可比价格计算的以货币表现的价值量指标。可比价指标有以下两种计算方法：

①直接用产品产量乘某一年的不变价格计算。

②用价格指数进行缩减。可比价指标更加具有可比性，能够真实反映不同时期总量指标的发展水平和发展速度。

(五)名义增长速度和实际增长速度

在计算增长速度时，如果各指标的值都以现价计算，则计算出的经济增长速度就是名义增长速度。如果各指标的值都以不变价(以某一时期的价格为基期价格)计算，则计算出的经济增长速度就是实际增长速度。在度量经济增长时，一般都采用实际增长速度。

第二节 海洋经济总量构成分析

海洋经济总量的构成包括产业构成、三次产业构成和地区构成。海洋经济总量构成分析是指利用海洋经济统计资料,对我国海洋产业结构和地区分布情况开展的系统分析,其目的是了解和掌握我国海洋经济活动的结构和布局情况,为海洋经济发展宏观管理与决策提供依据。

一、海洋经济的产业构成分析

(一)海洋产业与海洋相关产业构成分析

海洋产业与海洋相关产业共同构成海洋经济总体,海洋生产总值包括海洋产业增加值和海洋相关产业增加值两大部分。目前,海洋产业一直占据着海洋经济的主体地位。自然资源部海洋战略规划与经济司于2020年5月发布的《2019年中国海洋经济统计公报》显示,2019年全国海洋生产总值89 415亿元,比上年增长6.2%,海洋生产总值占国内生产总值的比重为9.0%,占沿海地区生产总值的比重为17.1%。

(二)主要海洋产业构成分析

2019年,我国主要海洋产业保持稳步增长,全年实现增加值35 724亿元,比上年增长7.5%。滨海旅游业、海洋交通运输业和海洋渔业作为海洋经济发展的支柱产业,其增加值占主要海洋产业增加值的比重分别为50.6%、18.0%和13.2%。

2019年我国主要海洋产业发展情况如下。

(1)海洋渔业。

海洋渔业实现恢复性增长,养捕结构持续优化。全年实现增加值4 715亿元,比上年增长4.4%。

(2)海洋油气业。

海洋油气增储上产态势良好,其中海洋原油生产增速由负转正,扭转了2016年以来产量连续下滑的态势,实现产量4 916万t,比上年增长2.3%;海洋天然气产量持续增长,达到162亿m^3,比上年增长5.4%。海洋油气业全年实现增加值1 541亿元,比上年增长4.7%。

(3)海洋矿业。

海洋矿业发展平稳,海砂、海底金矿开采有序推进,全年实现增加值194亿元,比上年增长3.1%。

（4）海洋盐业。

海洋盐业保持稳定，全年实现增加值31亿元，比上年增长0.2%。

（5）海洋化工业。

海洋化工业较快发展，乙烯、纯碱等海洋化工产品产量快速增长。全年实现增加值1 157亿元，比上年增长7.3%。

（6）海洋生物医药业。

海洋生物医药自主研发成果不断涌现，产业平稳较快增长。全年实现增加值443亿元，比上年增长8.0%。

（7）海洋电力业。

海洋电力业稳步发展，海上风电装机规模逐步扩大。全年实现增加值199亿元，比上年增长7.2%。

（8）海水利用业。

海水利用业保持良好发展，多个海水淡化工程投入使用。全年实现增加值18亿元，比上年增长7.4%。

（9）海洋船舶工业。

海洋船舶工业止降回升并实现较快增长，重点监测的规模以上海洋船舶企业营业收入比上年增长13.5%。全年实现增加值1 182亿元，比上年增长11.3%。

（10）海洋工程建筑业。

海洋工程建筑业发展向好，跨海大桥、海底隧道等多项重大海洋工程建筑项目顺利完工。全年实现增加值1 732亿元，比上年增加4.5%。

（11）海洋交通运输业。

海洋交通运输业运行平稳，海洋货运量比上年增长8.4%，沿海港口生产保持稳步增长态势。全年实现增加值6 427亿元，比上年增长5.8%。

（12）滨海旅游业。

滨海旅游业持续较快增长，发展模式呈现生态化和多元化。全年实现增加值18 086亿元，比上年增长9.3%。

二、海洋经济的三次产业构成分析

海洋三次产业结构是分析海洋经济结构、判断海洋经济发展阶段和水平的重要依据。同国民经济类似，海洋经济也由以渔业等为主的海洋第一产业、以工业和建筑业为主的海洋第二产业和以服务业为主的海洋第三产业构成。

2019年，我国海洋第一产业增加值3 729亿元，第二产业增加值31 987亿元，第三产业增加值53 700亿元，分别占海洋生产总值比重的4.2%、35.8%和60.0%。

三、海洋经济的地区构成分析

我国海洋生产总值稳步提升,港口规模稳居世界第一,海洋经济高质量发展迈出了坚实步伐。近年来,随着海洋经济的发展,沿海城市陆续提出进军海洋发展的蓝图,深圳、青岛、上海和广州提出了建设全球海洋中心城市。

(一)产业链

作为海洋经济的载体,我国三大海洋经济圈是指北部、东部和南部海洋经济圈;中游为海洋经济的主要产业,包括海洋旅游业、海洋交通运输业、海洋化工业、海洋渔业、海洋油气业、海洋工程建筑业等;下游海洋科研教育管理服务业主要包括海洋信息服务业、海洋环境监测预报服务、海洋保险与社会保障业等。

(二)上游分析

2019 年,三大海洋经济圈中南部海洋经济圈占比最多,占全国海洋生产总值的比重为 40.8%;东部海洋经济圈占全国海洋生产总值的比重为 29.7%;北部海洋经济圈海洋占全国海洋生产总值的比重为 29.5%。

(三)中游分析

1.生产总值

我国海洋经济持续增长,2019 年海洋产业总体平稳,发展潜力与韧性持续彰显。2019 年全国海洋生产总值 89 415 亿元,比上年增长 6.2%,占国内生产总值的比重为 9.0%。

2.主要海洋产业结构

(1)生产总值。

2019 年,15 个海洋产业增加值 35 724 亿元,比上年增长 7.5%。海洋传统产业中,海洋渔业、海洋水产品加工业实现平稳发展;海洋油气业、海洋船舶工业、海洋工程建筑业、海洋交通运输业以及海洋矿业均实现了 5%以上的较快发展。海洋电力业、海洋药物和生物制品业、海水淡化等海洋新兴产业继续保持较快增长势头。受疫情影响,海洋旅游业下降幅度较大。

(2)占比情况。

从增加值占比情况来看,2019 年海洋旅游业占比最大,达 50.6%;海洋交通运输业、海洋化工业、海洋渔业、海洋油气业、海洋工程建筑业,占比分别为 18.0%、3.2%、13.2%、4.3%、4.8%。

3.产业结构

近年来,我国海洋产业结构经过有意识的计划调整,产业内部结构呈不断优化趋势。2019 年海洋第一产业增加值 3 729 亿元,第二产业增加值 31 987 亿元,第三产业增加值53 700亿元,分别占海洋生产总值的4.2%、35.8%和60.0%。

(四)下游分析

1.海洋科研教育管理服务业

海洋科研教育管理服务业即开发、利用和保护海洋过程中所进行的科研、教育、管理及服务等活动,包括海洋信息服务业、海洋环境监测预报服务、海洋保险与社会保障业。整体来看,中国海洋科研教育管理服务业生产总值逐年增长,由2018年19 356亿元增至2019年21 591亿元,同比增长8.3%。

2.海洋相关产业

海洋相关产业即以各种投入产出为联系纽带,与主要海洋产业构成技术经济联系的上下游产业,涉及海洋农林业、海洋设备制造业、涉海产品及材料制造业、涉海建筑与安装业、海洋批发与零售业、涉海服务业等。2019年,海洋相关产业生产总值达321 007亿元。

(五)三大海洋经济圈与重点城市

北部海洋经济圈是由辽东半岛、渤海湾和山东半岛沿岸地区所组成的经济区域,主要包括辽宁省、河北省、天津市和山东省的海域与陆域。东部海洋经济圈是由长江三角洲沿岸地区所组成的经济区域,主要包括江苏省、上海市和浙江省的海域与陆域。南部海洋经济圈是由福建、珠江口及其两翼、北部湾、海南岛沿岸地区所组成的经济区域,主要包括福建省、广东省、广西壮族自治区和海南省的海域与陆域。

三大海洋经济圈发展侧重点则各有千秋,但也面临发展不均衡不充分的问题,随着海洋规划发展不断深入,沿海城市出现了建立区域性海洋中心城市的浪潮。

1.科教兴海,北部圈亟须优化升级

北部海洋经济圈是我国北方地区对外开放的重要平台,具有雄厚的制造业基础、科研教育优势突出,是全国科技创新与技术研发基地。北部海洋经济圈在全国海洋生产总值中的占比由2018年的31.43%下降至2019年的29.5%,与该区域生态环境承载力下降、海洋产业转型升级滞后有一定关系。

青岛是北部海洋经济圈重点城市,拥有占全国五分之一的涉海科研机构、三分之一的部级以上涉海高端研发平台,涉海两院院士约占全国的30%,科教优势明显。青岛重点发展船舶海工、海洋航运贸易金融、海洋化工、海洋生物医药、海洋冷链、海洋科技服务、滨海旅游七大优势海洋产业链,同步布局培育海水综合利用业、深远海渔业、海洋可再生能源业、深远海装备制造业四个战略新兴产业,力争到2025年海洋生产总值力争突破2 800亿元。

2.经贸中心,东部圈聚焦产业优势

东部海洋经济圈在全国海洋生产总值中的占比上升至2019年的29.7%,上升至第二位，表明其有较大发展潜力。东部海洋经济圈港口航运体系完善，海洋经济外向型程度高，是“一带一路”建设与长江经济带发展战略的交汇区域，拥有国内最繁忙的宁波-舟山港和上海港。

上海是东部海洋经济圈的龙头，根据《2019 新华·波罗的海国际航运中心发展指数报告》，上海继续位列 2019 年全球航运中心城市综合实力第 4 名。2019 年，上海市实现海洋生产总值 10 372 亿元，位居全国第 4 名，海洋生产总值占当年全市生产总值的 27.2%，占当年全国海洋生产总值的 11.6%。从产业结构看，上海市滨海旅游业占比最高，其次是海洋交通运输业和海洋船舶工业。未来，上海将推进临港新片区、崇明（长兴岛）海洋经济发展示范区建设，瞄准全球海洋科技发展前沿，聚焦海工装备产业发展模式创新，着力打造蓝色产业集群，到 2025 年完成 1.5 万亿元海洋生产总值的目标。

3.传统优势，南部圈引领产业发展

南部海洋经济圈海域辽阔、资源丰富，地理位置赋予了其独特的景观和生物资源。此外，南部降水丰沛，淡水资源丰富，不仅有利于滩涂开发，还可以支持各种生产活动的需要，是具有全球影响力的先进制造业基地和现代服务业基地。南部海洋经济圈在我国海洋经济产业中一直处于“领头羊”的位置，在全国海洋生产总值中的占比稳定维持在 38%以上，2019 年高达 40.81%，这不仅由于该区域海洋产业结构不断优化，基本形成了行业门类较为齐全、优势产业较为突出的现代海洋产业体系，也受益于粤港澳大湾区、中国（海南）自由贸易试验区等区域发展战略带来的重要契机。

深圳是南部海洋经济圈重点城市之一，“十三五”期间深圳市海洋生产总值年均复合增长率 6.75%。不仅增速加快，结构上，深圳海洋经济十年来已发生深刻变化，十年前占比高达 90%的三大传统产业 2019 年占比已降至 60%左右，海洋工程和装备、海洋电子信息和海洋现代服务业等新兴产业占比已升至 37.7%。深圳市提出要加速产业转型升级和集聚发展，构建“两廊四区”的海洋经济发展空间格局、“深海科考中心+海洋大学”的科教融合模式，探索蓝色金融、聚焦关键技术、加强海洋科技成果转化，培育新兴产业新动能，促进传统产业高质量发展，加快建设全球海洋中心城市。

第三节　海洋经济对区域经济贡献分析

海洋经济是国民经济的重要组成部分，是国民经济中开发、利用和保护海洋的各类产业活动以及与之相关联的活动的总和。定量分析海洋经济对国民经济的贡献,有利于合理定位海洋经济的地位和作用,科学谋划海洋经济的长远发展,对准确把握宏观经济形势,有效调控海洋经济发展具有重要意义。

一、海洋经济贡献分类

根据海洋经济对国民经济的影响范围,将海洋经济的贡献划分为以下3类。

(一)直接贡献

直接贡献是指海洋经济作为国民经济和地区经济的一部分,在国家和地区经济规模中的产出份额或创造的增加值。具体来看,是指某海洋产业在其对应的国民经济行业中的产出份额或创造的增加值。

(二)间接贡献

间接贡献是指海洋经济通过产业间的技术经济联系,对国民经济产生的后向拉动作用和前向推动作用。后向拉动作用是指海洋产业作为物质消耗部门,通过产品和劳务需求而导致的相应国民经济各产业增加的产出或创造的增加值。前向推动作用是指海洋经济作为中间投入部门,通过产品和劳务的供给而引起的相应国民经济各产业增加的产出或创造的增加值,也称海洋经济对国民经济发展的支撑作用。

(三)诱发贡献

诱发贡献是指由直接贡献和间接贡献形成的收入中用于消费的部分再次引起的国民收入增量。海洋经济直接创造的增加值、后向拉动作用和前向推动作用创造的增加值中,有一部分形成了劳动者报酬和税收收入,这些收入中用于消费的部分通过物质循环过程,进入国民经济的消费品生产行业和公益产品生产行业,从而促进消费品、公益产品行业的产出增加,通过分配与使用而再次引起国民收入的增加,即通过消费拉动国民经济的增长。

二、海洋经济贡献的测度方法

(一)直接贡献测度方法

通常采用增加值和就业等指标来衡量海洋经济对国民经济的直接贡献。主要从总量贡献、增量贡献和增长率贡献3个方面来测度。

1.*基于增加值指标的直接贡献测度方法*

采用增加值指标衡量海洋经济对国民经济的直接贡献,计算公式为

$$\text{海洋生产总值比重} = \frac{\text{海洋生产总值}}{\text{国内生产总值}} \tag{2-10}$$

$$\text{海洋经济直接贡献率} = \frac{\text{海洋生产总值增量}}{\text{国内生产总值增量}} \tag{2-11}$$

海洋经济对国民经济的拉动 = 国内生产总值增长率 × 海洋经济直接贡献率 (2-12)

海洋生产总值比重通常是指以现价计算的海洋生产总值占国内生产总值的比重,该指标可以较好地度量海洋经济对国民经济规模的直接贡献;海洋经济直接贡献率通常是指以不变价计算的海洋生产总值增量与国内生产总值增量的比值,反映了在国内生产总值增加的部分中海洋生产总值所占的比重;海洋经济对国民经济的拉动是指国内生产总值的增长速度与海洋经济直接贡献率的乘积,反映了国内生产总值增长率中海洋生产总值贡献的大小。如果分析对象是沿海地区,则用沿海地区生产总值来替代国内生产总值。

2.基于就业指标的直接贡献测度方法

采用就业指标衡量海洋经济对国民经济的直接贡献,其计算公式为

$$\text{涉海就业比重} = \frac{\text{涉海就业人数}}{\text{就业人数}} \tag{2-13}$$

$$\text{涉海就业直接贡献率} = \frac{\text{涉海就业增量}}{\text{就业增量}} \tag{2-14}$$

涉海就业对全国就业的拉动 = 全国就业增速 × 涉海就业直接贡献率 (2-15)

涉海就业比重反映了就业总人数中有多少人从事涉海行业工作;涉海就业直接贡献率反映了在就业总人数增加的部分中涉海就业人数增量所占的比重;涉海就业对全国就业的拉动表示就业人数的增长率中涉海就业人数贡献的大小。

(二)间接贡献测度方法

间接贡献主要测度海洋经济对国民经济影响的"波及效应"。通常运用投入产出法,研究海洋产业对国民经济的直接关联效应、感应度、影响力、生产诱发效应和最终依赖度等。

三、海洋经济直接贡献实证分析

基于增加值指标,考察 21 世纪以来我国海洋经济对国民经济的直接贡献。使用海洋生产总值、国内生产总值和沿海地区生产总值现价数据,测度海洋经济对国民经济和地区经济规模的贡献;使用国内生产总值平减指数(1978=100)消除价格变动对海洋生产总值、国内生产总值和沿海地区生产总值的影响,据此测度海洋经济对国民经济和地区经济的直接贡献率和增长拉动。

自然资源部 2022 年 4 月 6 日公布的《2021 年中国海洋经济统计公报》显示,2021 年我国海洋经济总量再上新台阶,首次突破 9 万亿元,达90 385亿元,比上年增长 8.3%,对国民经济增长的贡献率为 8.0%。我国海洋经济结构不断优化,海洋一、二、三产业比例为 5.0∶33.4∶61.6,主要海洋产业实现增加值34 050亿元,比上年增长 10.0%。

公报显示，2021 年我国海洋高端装备研发制造能力进一步提升，实现多个“首次”：海上 LNG 产业链族谱再添重器，国内首艘 17.4 万 m^3 浮式液化天然气储存及再气化装置顺利交付；我国自主研发制造的抗台风型漂浮式海上风电机组在广东并网发电，国内首个“海上风电+储能”海上风电场建设进入储能交付期，我国自主研发的首套浅水水下采油树系统在渤海海试成功。我国海底高压主基站、海底光电复合缆等一批海洋经济创新技术达到国际先进水平。

第四节　海洋经济总量预测分析

海洋经济总量预测分析是海洋经济发展战略与规划制定的重要环节，开展海洋经济总量的预测分析，深化对海洋经济发展规律的认识，对确定海洋经济增长目标、开展海洋经济趋势研究具有重要的实践意义。海洋经济预测模型的选择没有统一的标准和要求，应根据不同的情况和需求，采用不同的预测方法。

预测方法从技术上分为定性预测方法和定量预测方法两种。定性预测主要是由业内专家根据经验对事物未来发展的趋势和状态做出判断和预测。定量预测则是运用统计方法和数学模型，通过对历史数据的统计分析，用量化指标对系统未来发展趋势进行预测。目前常用的定量预测方法有回归预测法、时间序列预测法、灰色预测法、人工神经网络预测法和组合预测法等。

一、回归预测法

回归预测法是根据历史数据的变化规律，寻找自变量与因变量之间的回归方程式，确定模型参数，并据此做出预测。在经济预测中，人们把预测对象（经济指标）作为被解释变量（或因变量），把那些与预测对象密切相关的影响因素作为解释变量（或自变量）；根据两者历史和现在的统计资料，建立回归模型，经过经济理论、数理统计和经济计量三级检验后，利用回归模型对被解释变量进行预测。回归预测法一般适用于中期预测。

回归预测法的数学描述是：设因变量为 Y，自变量为 $X(X_1, X_2, \cdots, X_m)$，则回归预测的目的就是利用已有的观测数据，建立 Y 与 X 之间的统计模型，即确定 $Y=f(x)$ 中的参数。所用方法有最小二乘法（使拟合误差平方和最小）和最大似然估计法等，其中最小二乘法运用最为广泛。

常见的一元回归模型形式如下：

线性模型 $Y = a + bX$

指数函数模型 $Y = ae^{b}X + c$

幂函数模型 $Y = b_0 + b_1X + b_2X^2 + \cdots$

生长函数模型 $Y = \dfrac{a}{1 + be^{-eX}}$

单对数函数模型 $Y = a + b\log(X)$

双对数函数模型 $\log(Y) = a + b\log(X)$

常见的多元线性回归模型形式如下：

$$Y = b_0 + b_1X_1 + b_2X_2 + \cdots + b_mX_m$$

回归预测法要求样本量大且样本有较好的分布规律。当预测的长度大于原始数据的长度时，采用该方法进行预测在理论上不能保证预测结果的精度。另外，可能出现量化结果与定性分析结果不符的现象，有时难以找到合适的回归方程类型。

使用回归预测法时，需要进行下述检验：

(1)判别系数(可决系数)检验。判别系数是反映拟合优度的度量指标。通常情况下，如果建立回归方程的目的是进行预测，判别系数一般不应低于90%。

(2)F 检验。判断建立的回归方程是否具有显著性。当 F 统计量的 P 值小于显著性水平 α 时，表示拒绝原假设，即变量之间线性关系显著。

(3)t 检验。判断回归方程参数是否显著。当 t 统计量的 P 值小于显著性水平 α 时，表示拒绝原假设，即该解释变量对被解释变量影响显著。

(4)序列自相关检验。通常时间序列数据需要进行序列自相关检验，常用的检验有 D.W.检验及 LM 检验。实践中，如果 D.W.值在 2 附近，表示不存在序列相关；如果 D.W.值小于 2(最小为 0)，表示存在正序列相关；如果 D.W 值为 2~4，表示存在负序列相关。需要注意的是，D.W.检验只适用于一阶自相关性检验；如果回归方程的右边存在滞后因变量，D.W.检验不再有效。在 LM 检验中，当 LM 统计量的 P 值小于显著水平 α 时，拒绝原假设，即随机误差项存在序列相关性，需要进行修正处理。LM 检验可以用于高阶自相关的检验，且在方程中存在滞后因变量的情况下，LM 检验依然有效。

(5)White 检验。用于判断模型是否存在异方差，通常截面数据需要进行异方差检验。当 White 检验统计量的 P 值小于显著水平 α 时，表示随机误差项存在异方差，需要进行修正处理。

二、时间序列预测法

时间序列预测法是通过建立数据随时间变化的模型，外推到未来进行预测。时间序列预测法有效的前提是过去的发展模式会延续到未来，其主要优点是数据容易获得，易被决策者理解，且计算相对简单。但该方法只对中短期预测效果较好，不适用于长期预测。

采用时间序列模型时，需假定数据的变化模式可以根据历史数据识别出来；同时，决策者所采取的行动对时间序列的影响较小。因此这种方法主要用来对一些环境因素，或不受决策者控制的因素进行预测，如宏观经济情况、就业水平、产品需求量等；而对受人的行为影响较大的事物进行预测则并不合适，如股票价格、改变产品价格后的产品需求量等。

时间序列分析方法中最简单的是平滑法，基本公式如下。

（1）简单滑动平均法：

$$F_t = \frac{x_{t-1} + x_{t-2} + x_{t-3} + \cdots + x_{t-n}}{n}$$

式中，F_t 为 t 时刻的预测值；x_t 为 t 时刻的观察值。

（2）单指数平滑法：

$$F_t = \alpha x_t + (1 - \alpha) F_{t-1}$$

式中，α 为预测值的平滑系数。

（3）线性指数平滑法：

$$T_t = \beta(S_t - S_{t-1}) + (1 - \beta) T_{t-1}$$

$$S_t = \alpha x_t + (1 - \alpha)(S_{t-1} + T_{t-1})$$

$$F_{t+m} = S_t + mT_t$$

式中，T_t 为趋势值的平滑值；S_t 为预测值的平滑值；β 为趋势值的平滑系数。

（4）季节性指数平滑法：

$$S_t = \alpha \frac{X_t}{I_{t-L}} + (1 - \alpha)(S_{t-1} + T_{t-1})$$

$$T_t = \beta(S_t - S_{t-1}) + (1 - \beta) T_{t-1}$$

$$I_t = \gamma \frac{X_t}{S_t} + (1 - \gamma) I_{t-L}$$

$$F_{t+m} = (S_t + mT_t) I_{t-L+m}$$

式中，S_t 为消除了季节因素影响的平滑值；I_t 为季节因素平滑值；γ 为季节因素平滑系数；L 为季节的长度。

（5）阻尼趋势指数平滑法：

$$S_t = \alpha x_t + (1 - \alpha)(S_{t-1} + \phi T_{t-1})$$

$$T_t = \beta(S_t - S_{t-1}) + (1 - \beta)\phi T_{t-1}$$

$$F_{t+m} = S_t + \sum_{i=1}^{m} \phi^i T_t$$

式中，ϕ 为阻尼趋势平滑系数。

使用平滑法时，需要在计算过程中注意以下问题。

①平滑初值的确定。

对于单指数平滑法

$$F_1 = x_1$$

对于线性指数平滑法

$$F_1 = x_1, T_1 = x_2 - x_1, e_1 = 0$$

对于季节性指数平滑法

$$S_1 = x_1', T_1 = X'x - x_1'$$

其中，X' 为 x 中消除了季节因素后的值。

另一类方法是采用最小二乘法，列出方程后求出最优初值。

②平滑系数的选择。在上述公式中遇到的平滑系数 α、β、γ、ϕ，主要通过搜索法，比较不同数值下的 MSE 或 MAD，使用最小误差所对应的系数值。

③方法有效性的判定。判断方法是否适用于实际问题的预测，关键在于误差 $e_t = (x_t - F_t)$ 的分布，如果误差的均值为 0，方差为常数，则该方法是适当的，否则就要寻求其他方法。

上述方法比较简单，分别适用于不同的情况；但在使用时常常受到一些限制，且方法的理论基础不甚坚实。自回归积分滑动平均法能适应任何情况，且理论上清晰严格，应用广泛。主要有 3 种模型可以用来描述各种形态的时间序列，分别是自回归 AR、滑动平均 MA 和自回归滑动平均 ARMA。模型满足的方程如下：

AR(p)模型

$$x_1 = c + \phi_1 x_{t-1} + \phi_2 x_{t-2} + \cdots + \phi_p x_{t-p} + \varepsilon_t$$

MA(q)模型

$$x_t = x + \varepsilon_t + \theta_1 \varepsilon_{t-1} + \theta_2 \varepsilon_{t-2} + \cdots + \theta_q \varepsilon_{t-q}$$

ARMA(p,q)模型

$$x_t = c + \phi_1 x_{t-1} + \phi_2 x_{t-2} + \cdots + \phi_p x_{t-p} + \varepsilon_t + \theta_1 \varepsilon_{t-1} + \theta_2 \varepsilon_{t-2} + \cdots + \theta_q \varepsilon_{t-q}$$

ARMA(p,q)模型的建模过程如下：

①对序列进行平稳性检验，如果序列不满足平稳性条件，可以通过差分变换（单整阶数为 d，则进行 d 阶差分）或其他变换（如对数差分变换），使序列满足平稳性条件；

②通过计算能够描述序列特征的统计量（如自相关系数和偏自相关系数），来确定 ARMA(p,q)模型的阶数 p 和 q，并在初始估计中选择尽可能少的参数；

③估计模型的未知参数,检验参数的显著性以及模型本身的合理性;

④进行诊断分析,以证实所得模型确实与观察到的数据特征相符。

三、灰色预测法

灰色系统理论是由我国学者邓聚龙先生首先提出的。灰色预测方法包括5种基本类型,即数列预测、灾变预测、季节灾变预测、拓扑预测和系统综合预测;其中,数列预测是基础且在实践中用途最广。灰色数列预测中最常用的是GM(1,1)模型(一阶单变量灰色模型),该模型是微分回归分析的一个特例,即以指数形式为基础,以一次累加数据为原始数据,以初始观测值为准确定积分常数的微分模型。通常用于短期预测。

一般情况下,对给定的原始序列:

$$X_{(0)}=\left\{x_{(0)}^{(1)},x_{(0)}^{(2)},x_{(0)}^{(3)},\cdots,x_{(0)}^{(N)}\right\}$$

不能直接用于建模,因为这些数据大多是随机的、无规律的。若将原始数据序列经过一次累加生成,可获得新数据序列:

$$X_{(1)}=\left\{x_{(0)}^{(1)},x_{(0)}^{(2)},x_{(0)}^{(3)},\cdots,x_{(0)}^{(N)}\right\},其中\ x_{(1)}^{(i)}=\sum_{k=1}^{i}x_{(0)}^{(k)}$$

新生成的数据是单调递增序列,平稳程度大大增加,其变化趋势可近似地用如下微分方程描述:

$$\frac{\mathrm{d}X_{(1)}}{\mathrm{d}t}+aX_{(1)}\mu$$

用该方程对累加生成的数据序列进行拟合并建立模型,可以根据时间进行外推,从而进行预测。

采用灰色预测方法进行预测的一般过程如下:

①进行级比平滑检验,判断序列是否可以使用灰色预测法进行预测,当级比$\sigma(i)\in(0.135\,3,7.389\,0)$时,表明该序列是平滑的,可以做灰色预测;当级比$\sigma(i)\in\left(\mathrm{e}^{-\frac{2}{n+1}},\mathrm{e}^{\frac{2}{n+1}}\right)$时,表明该序列可以得到精度较高的GM(1,1)模型;

②对原始序列进行一次累加生成,得到累加序列;

③构建GM(1,1)模型,采用最小二乘法估计灰参数α,μ;

④将灰参数带入时间函数,计算得到累加序列的预测值;

⑤将预测得到的累加序列预测值进行还原,得到原始序列的预测值;

⑥模型诊断及应用模型进行预测。为了分析模型的可靠性,必须对模型进行诊断,目前通用的方法是后验差检验。

虽然该方法在经济预测中用途较广，并被证明较为有效，但和一般的微分回归分析相比，对不等间隔取值的序列无法应用；而且在常数选取方面，以初始值为准也缺乏理论基础。

四、人工神经网络预测法

1987年，Lpaeds和Barer首先应用神经网络进行预测，开创了人工神经网络预测的先河。该方法利用人工神经网络的学习功能，用大量样本对神经网络进行训练，调整其连接权值和阈值，然后利用已确定的网络模型进行预测。不论这些函数具有怎样的形式，神经网络都能从数据样本中自动地学习以前的经验而无须繁复的查询和表述过程，并自动地逼近那些能够最佳反映样本规律的函数，且函数形式越复杂，神经网络的作用就越明显。

目前，应用较多的人工神经网络是前馈反向传播网络（Back-Propagation-Network，BP网络）。BP网络通常由输入层、输出层和若干隐层构成，每一层都由若干个节点组成，每一个节点都表示一个神经元，上层节点与下层节点之间通过权连接，层与层之间的节点采用全互联的连接方式，每层内节点之间没有联系。

BP网络的基本思想是通过网络误差的反向传播，调整和修改网络的连接权值和阈值，使误差达到最小，其学习过程包括前向计算和误差反向传播。一个简单的三层人工神经网络模型，就能实现从输入到输出之间任何复杂的非线性映射关系。神经网络方法的优点是可以在不同程度和不同层次上模仿人脑神经系统的信息处理和检索等功能，具有信息记忆、自主学习、知识推理和优化计算等特点，其自主学习和自主适应功能是常规算法和专家系统技术所不具备的，在一定程度上解决了由于随机性和非定量而难以用数学公式严密表达的复杂问题。人工神经网络方法的缺点是网络结构确定困难，同时要求有足够多的历史数据且样本选择困难，算法复杂，容易陷入局部极小点。

五、组合预测法

由于资料来源和数据质量的局限，用来预测的数据常常是不稳定、不确定和不完全的。不同的时间范围常常需要不同的预测方法，形式上难以统一。由于不同的预测方法在复杂性、数据要求以及准确度上均不同，因此选择一个合适的预测方法通常是很困难的。

实践中，建立预测模型受到两方面的限制：一是不可能将所有在未来起作用的因素全部包含在模型中；二是很难确定众多参数之间的精确关系。从信息利用的角度来说，任何一种单一预测方法都只利用了部分有用信息，同时也抛弃了其他有用的信息。为了充分发挥各预测模型的优势，在实践中，往往采用多种预测方法，然后将不同预测模型按一定方式进行综合,即为组合预测方法。根据组合定理,各种预测方法通过组合可以尽可能利用全部信息,提高预测精度,达到改善预测性能的目的。

组合预测有两种方法:一是将几种预测方法所得的结果,选取适当的权重进行加权平均,其关键是确定各个单项预测方法的加权系数。二是在几种预测方法中进行比较,选择拟合度最佳或标准离差最小的模型进行预测。组合预测通常在单个预测模型不能完全正确地描述预测量变化规律时发挥作用。

第三章
区域海洋经济分析评估

第一节　区域海洋经济分析的一般问题

区域海洋经济是在一定区域内海洋经济发展的内部因素与外部条件相互作用而产生的生产综合体。区域海洋经济分析是应用区域经济学理论和方法，对各海洋经济区的海洋经济发展环境、发展水平、发展阶段、产业结构、产业布局、发展模式以及区域间经济发展协调性等开展的分析，以研究各类区域海洋经济运行的特点和发展变化规律以及区域间的相互作用、相互依赖关系，更好地发挥区域优势，实现区域间和区域内资源的优化配置。

区域是按一定标准划分的空间范围。区域或经济区域的概念，一般来说可区分为3个层面：

①指一国内的经济区域；

②指超越国家或地区界限由几个国家或地区构成的世界经济区域；

③指几个国家的部分地区共同构成的经济区域。在大多数情况下，经济区域这一概念表明的是一国范围内划分的不同经济区。

本书中的海洋经济区域亦采用这一概念。

一、海洋经济区域的划分

对经济区域的划分，国内外尚无一个公认的绝对标准，因此出现了许多区域分类与划分方法。但不论哪种方式划分的区域，一般而言都有以下两条共性，一是区域内某种事物的空间连续性,二是区域内某组事物的同类性或联系性。目前,经济学界普遍遵循的方法是法国经济学家布德维尔(J.R.Boudeville)提出的区域划分方法,该方法将经济区域分为3类:

①均质区域,指一定空间范围有某些同类性,如收入水平的一致性;

②极化区域,又称节点区域,指一定空间范围被某种形式的流量联系在一起,如区域中拥有对周围有吸引力的中心,它与周围形成某种信息、物质、能量的交换;

③计划区域,指一定空间范围被置于统一计划权威或行政权威之下,如行政区域。这3种分类,从不同方面揭示或强调了区域的连续性和同类性。

海洋经济区是按海洋经济活动的空间分布规律划分的空间范围。根据不同的地理位置和区域功能定位,海洋经济区的空间范围可大可小,如海岸带经济区、海岛经济区、港口经济区,这些大小不等的经济区都分担着区域分工系统中的某项特定的功能。不同层次、不同大小的各类海洋经济区之间既有联系,又相互影响,共同构成了区域海洋经济系统。根据沿海地区的自然条件、经济条件、文化教育和科技水平等社会因素,并考虑到行政区划的完整性,我国的海洋经济区可以有以下几种划分方法。

(一)按毗邻陆域经济区划分的海洋经济区

《全国海洋经济发展"十二五"规划》中,将我国沿海地区划分为北部海洋经济圈、东部海洋经济圈和南部海洋经济圈,这三大海洋经济圈分别与我国东部沿海地区陆域的环渤海经济区、长三角经济区、珠三角经济区和北部湾经济区相对应。

1.北部海洋经济圈

北部海洋经济圈与环渤海经济区相对应,由辽东半岛、渤海湾和山东半岛沿岸及海域组成。该区域海洋经济发展基础雄厚,海洋科研教育优势突出,是拉动北方地区经济发展的重要引擎,是我国参与东北亚区域竞争与合作的前沿阵地,是具有全球影响力的先进制造业基地、现代服务业基地、全国科技创新与技术研发基地。

2.东部海洋经济圈

东部海洋经济圈与长三角经济区相对应,由江苏、长江口、浙江、福建沿岸及海域组成。该区域港口航运体系完善,海洋经济外向型程度高,是我国参与全球竞争和合作的前沿阵地、亚太地区重要的国际门户、全球重要的现代服务业和先进制造业中心。

3.南部海洋经济圈

南部海洋经济圈与珠三角和北部湾经济区相对应,由珠江口及其两翼、北部湾、海南岛沿岸及海域组成。该区域海域辽阔,资源丰富,战略地位突出,是我国参与经济全球化的主体区域和对外开放的重要窗口,是具有全球影响力的先进制造业基地和现代服务业基地,也是我国开发南海资源、维护海洋权益的重要基地。

(二)按海洋地理特征划分的海洋经济区

1.海岸带经济区

根据海洋经济活动的特点和区位资源优势,将我国沿海地带(沿海县级行政区)及其相邻的海域划为海岸带经济区。海岸带经济区是海洋产业活动最活跃的区域,同时也是临港(海)产业的聚集区,在海洋和海岸带经济中具有举足轻重的作用。

2.近海海洋经济区

根据海湾、半岛、滩涂、河口、海峡和岛屿等海洋自然地理特征,将我国沿海自北向南划分为辽东半岛海洋经济区、渤海湾海洋经济区、山东半岛海洋经济区、苏北浅滩海洋经济区、长江口海洋经济区、海峡西岸海洋经济区、珠江口海洋经济区、北部湾海洋经济区和海南岛海洋经济区 9 个区域。这 9 个海洋经济区分别对应辽宁、河北和天津、山东、江苏、上海和浙江、福建、广东、广西、海南 11 个沿海地区及其管辖海域,其中渤海湾海洋经济区和长江口海洋经济区分别由两个省级行政区构成。实际上,近海海洋经济区是海岸带经济区的下一层级,或者说是海岸带经济区的子区域。

3.海岛经济区

根据海岛自然地理、区位、资源、生态系统的典型特征,将具有生产和经济活动的海岛划为海岛经济区。海岛经济区是海洋经济区的一类特殊区域,产业类型较少且陆域产业活动和海洋产业活动共存于同一区域。海岛经济区的某些产业活动如海洋渔业、港口运输、旅游、仓储等,具有得天独厚的发展条件。

(三)按沿海行政区划划分的海洋经济区

根据沿海行政区划,结合各省(自治区、直辖市)沿海经济发展规划,可将我国沿海自北向南划分为辽宁沿海经济带、河北沿海地区、天津滨海新区、山东半岛蓝色经济区、江苏沿海地区、上海沿海经济区、浙江海洋经济发展示范区、福建海峡西岸经济区、广东海洋经济综合开发实验区、广西北部湾经济区和海南国际旅游岛 11 个海洋经济区。这些经济区的发展规划已相继获得国务院批准实施,上升为国家战略。其中山东、浙江、广东、福建和天津 5 个省市为国家批准的全国海洋经济发展试点地区。

二、区域海洋经济的研究对象和主要内容

(一)区域海洋经济的研究对象

理论上讲,区域经济所研究的区域既不是一个纯自然地理区域,也不是行政区域,而是具有某种经济特征和经济发展任务的经济地理区域。区域的范围大小因研

究的目的和任务而异,可以是跨越国家的国际区域,如欧洲经济同盟、亚太经济合作区等;也可以是一个国家;还可以是一国之内跨越几个行政区的经济区域,如我国的环渤海经济区、长三角经济区、珠三角经济区等;甚至可以是一个流域区,如黄河流域经济区、长江流域经济区等。但无论如何划分,任何区域都是更大区域系统的组成部分,并分担着区域分工系统中的某项特定的功能。同时,每个区域都可以由多层次的子区域组成。

因此,根据不同的研究目的和研究任务,前文讲述的不同类型的海洋经济区都可以作为区域海洋经济的研究对象。

(二)区域海洋经济的主要研究内容

由于世界经济形势的变化,区域经济学的研究内容一直处于不断发展的过程中,对区域经济的研究范畴也一直没有统一的界定。因此,区域海洋经济的研究内容没有统一的规定和标准,结合实际需求和现有工作基础,区域海洋经济研究的主要内容应包括区域海洋经济特征分析、区域产业结构分析、区域海洋经济发展分析和区域海洋经济协调发展分析等。

第二节　区域海洋经济特征分析

区域海洋经济特征分析是对区域海洋经济发展阶段、区域海洋经济发展水平和区域海洋经济发展优势等开展的分析。

一、区域海洋经济发展阶段分析

任何一个区域的经济发展都是一个动态的发展过程。在一个区域经济发展的全过程中,客观上存在着不同的演变阶段,处于不同演变阶段的区域经济发展,不仅其经济发展特征不同,而且各自的经济运行机制亦存在较大的差异。因此,正确认识一个区域所处的经济发展阶段,对科学制定区域经济发展战略无疑是非常重要的。经济发展具有明显的阶段性,必须以不逾越重大阶段为前提,区域经济的发展也不例外。

(一)区域经济发展阶段理论

1.胡佛-费希尔的区域经济增长阶段理论

美国区域经济学家胡佛与费希尔提出,任何区域的经济增长都存在“标准阶段次序”,经历大体相同的过程。具体有以下几个阶段。

(1)自给自足阶段。在这个阶段,经济活动以农业为主,区域之间缺少经济交流，区域经济呈现出较大的封闭性，各种经济活动在空间上呈散布状态。

(2)乡村工业崛起阶段。随着农业和贸易的发展，乡村工业开始兴起并在区域经济增长中起着积极的作用。由于乡村工业是以农业产品、农业剩余劳动力和农村市场为基础发展起来的，故主要集中分布在农业发展水平相对比较高的地方。

(3)农业生产结构转换阶段。在这个阶段，农业生产方式开始发生变化，逐步由粗放型向集约型和专业化方向转化，区域之间的贸易和经济往来也不断扩大。

(4)工业化阶段。以矿业和制造业为先导，区域工业兴起并逐渐成为推动区域经济增长的主导力量。一般情况下，最先发展起来的是以农副产品为原料的食品加工、木材加工和纺织等行业，随后是以工业原料为主的冶炼、石油加工、机械制造、化学工业。

(5)服务业输出阶段。在这个阶段，服务业快速发展，服务的输出逐渐成了推动区域经济增长的重要动力。这时，拉动区域经济继续增长的因素主要是资本、技术以及专业性服务的输出。

2.罗斯托的经济增长阶段理论

罗斯托经济增长阶段论成果之大成，是依据现代经济理论，从经济发展的角度，用历史的、动态的方法研究了各个国家，尤其是发展中国家经济发展的过程、阶段和问题，提出了经济发展的六阶段论，亦称“起飞论”。罗斯托阶段论以主导产业的制造结构和人类追求目标为标准将区域经济发展过程划分为6个阶段。

(1)传统社会阶段。相当于前资本主义阶段，其特点是：

①生产力水平低下，只能把农业当作主导产业；

②科学技术发展极其缓慢，且未与生产相结合；

③家族和氏族关系在社会组织中起很大作用；

④政治权力一般被各地区拥有或控制土地的人所掌握，在社会制度上尚不具备现代化产业必需的各种条件；

⑤社会的信念体系同长期宿命论结合在一起。

(2)为起飞创造前提阶段。该阶段是区域依靠内部和外部力量为经济持续发展做准备的过渡时期。其特点是：

①生产力水平提高，剩余产品增多，储蓄欲望提高；

②资本市场出现，投资率提高到超过人口增长的水平；

③重视提高农业生产率，农业是主导产业，同时家庭手工业、商业、服务业也逐渐发展起来；

④近代科学知识开始在工业生产和农业革命中发挥作用；

⑤自给自足的区域隔离打破，面向全国、全世界逐步形成统一市场；

⑥政治上,成立了中央和地方政府,建立和完善法律制度和社会基础,资源得以充分利用。

(3)起飞阶段。该阶段经济成长的阻力最后被克服,传统的经济停滞状态已被突破。其主要特点是:

①生产力迅猛发展,区域经济进入急速的持续增长时期;

②资本向生产领域转移,生产性投资率由占国民收入的5%或5%以下增加到10%以上;

③建立并迅速发展一个或几个主导产业部门,通过主导产业部门的扩散效应带动区域经济起飞;

④创造了一种适合于经济成长的制度体系,促进投资增长和经济发展。起飞阶段一般只经历20~30年,但却导致社会经济的深刻变化。

(4)成熟阶段。这是起飞后的一个新阶段,是“把(当时的)现代技术有效地应用于它的大部分资源的时期”。其特点是:

①现代技术广泛应用于生产领域,生产力大幅度提高;

②工业向多样化发展,新的主导产业逐渐代替起飞阶段的旧主导产业,从而通过扩散效应导致起飞过程的不断重复;

③生产性投资进一步增多,比重达10%~20%;

④劳动力进一步从农业向工业转移的过程中伴随着城市化的进程;

⑤钢铁、机械、石油、化学等重化工业的发展是经济成熟的标志。

(5)群众性高消费时代。由于国民收入水平的显著提高,产生了超过衣食住行必要生活用品以上的消费需求。这种高消费倾向的消费者大量增加,引起了对耐用消费品的巨大需求,迎来了群众性高消费时代。该阶段的特点是:

①劳动力的技术素质进一步提高;

②以小汽车为代表的耐用消费品工业成为主导产业,群众对耐用消费品的需求拉动经济发展;

③经济的国际化进一步加强,对外贸易作用显著加强。罗斯托认为美国是世界上第一个进入该阶段的国家。

(6)追求生活质量阶段。当经济发展的注意力从供给转到需求,从生产转到消费时,人们对生活的愿望成了经济发展的基础。随着人们对生活舒适、精神需求、优美环境的追求、耐用消费品在市场上日渐饱和,耐用消费品工业发展逐渐走向低谷,兴起了服务业,社会经济发展进入了追求生活质量的阶段。其特点是:

①以服务业作为主导产业;

②人类社会不再以物质产品数量的多少来衡量社会的成就,而是以劳务所形成

的反映“生活质量”的高低程度作为衡量社会发展的标志；

③劳动力从第二产业向第三产业转移。

3. 中国区域经济发展阶段理论

我国学者陈栋生等人在长期研究的基础上，于1993年提出了我国区域经济增长阶段理论。认为区域经济增长是一个渐进的过程，可分为待开发（不发育）、成长、成熟、衰退4个阶段。

（1）待开发（不发育）阶段。待开发阶段是区域经济增长的初始阶段。其特征是社会生产力水平低下，属于自给自足的自然经济；第一产业在产业结构中所占比重极高，商品经济不发育，市场规模狭小；资金累积能力很低，自我发展能力弱，经济增长速度缓慢。

（2）成长阶段。成长阶段以区域经济增长跨过工业化起点为标志。其主要特征是经济高速增长，经济总量规模迅速扩大；产业结构发生根本性的变化，第二产业逐渐成为主导产业；商品经济逐步发育，区域专业化分工迅速发展；人口和经济活动不断向城市地区集中，于是形成了带动经济增长的增长极。

（3）成熟（发达）阶段。成熟阶段表现为经济高速增长的势头减弱并逐渐趋于稳定；工业化达到了较高的水平，第三产业较为发达，基础设施齐备，交通和通信基本形成网络；生产部门结构的综合性日益突出，区域内资金积累能力强。

（4）衰退阶段。部分区域在经历了成熟阶段后，有可能进入衰退阶段。其主要特征是经济增长缓慢，失去原有的增长势头；处于衰退状态的传统产业在产业结构中所占比重大，导致经济增长的结构性衰退；此后，经济增长滞缓，区域逐渐走向衰落。值得注意的是，当一个区域经济出现衰退的征兆时，如果能够及时采取有效的结构调整，就可以防止出现进一步的衰退，使经济增长维持稳定，甚至有可能促进经济进入新的增长时期。

区域经济发展阶段的划分，不仅可以从时间角度全面认识区域经济发展现状，客观认清区域经济发展演变过程中所具有的特征。同时，通过经济发展阶段的判定，可以进一步理解区域经济发展的不平衡性，进而制定适合各区域的经济发展战略，选择适合各区域的有效开发模式。

（二）区域海洋经济布局特征

区域产业布局与区域经济发展水平密切相关，在区域经济发展的不同阶段，区域产业空间配置的要求和格局也不相同。区域经济发展水平的跃迁主要是通过产业结构的转化实现的。因此，我们应该遵循产业结构演化理论和区域经济发展阶段理论，并根据区域经济发展水平和区域产业结构的发展演变规律来划分其发展阶段，并以此为主线来分析区域产业布局的历史轨迹。根据区域海洋经济发展和区域海洋产业结构的转化规律,我们可以把区域海洋产业布局的演进过程划分为以下4个发展阶段。

1.传统社会的区域海洋产业布局

在传统社会中,区域海洋产业结构以海洋捕捞业为主,绝大多数从事海洋产业的人口集中在捕捞渔业,间杂着一些较为原始的海盐业和海洋交通运输业,整体海洋生产力发育水平很低。这是区域海洋经济的早期发育阶段。

传统社会的海洋产业布局实质上是海洋捕捞业布局,主要是分散在渔业资源较为丰富的传统渔场。在传统社会里,没有现代化的城市,以海洋贸易为主的沿海中小城镇(市)是区域海洋经济活动的中心,并在一定程度上起着组织区域海产品生产和流通的作用。在这一阶段,海洋资源对生产来说是充足的,海洋环境也没有受到明显破坏。

2.工业化初期的区域海洋产业布局

在工业革命初期,随着生产力水平的提高、原料市场和产品市场的扩大,海外贸易开始进入快速发展阶段,沿海港口成为工业布局的重要选择区位,临港工业和海洋交通运输业成为这一时期海洋产业布局的重点。随着临港工业的发展,在临港工业比较集中的沿海港口出现了现代化的港口城市。由于规模经济效益,港口城市的出现进一步促进了与临港工业相配套的产业部门的集中,港口城市规模不断扩大,成为区域海洋经济甚至是整个国民经济的主体。但由于现代化的大工业还很少,交通运输业也不够发达,所以,港口城市呈现出沿海岸带分散的状态,城市间经济联系松散,沿海城市体系尚未形成。

3.工业化中后期的区域海洋产业布局

处于工业化中期的产业结构是以轻工业为主体转向重化工业的快速增长为特征的,现代意义上的海洋经济也是从这一阶段开始的。

从全球范围看,重化工业带有明显的临港特点,重化工业区布局一般临近沿海、靠近深水码头,港口与工业区融为一体共同发展。这符合重化工业大进大出的要求,可以最大限度地节约运输成本,增强产品竞争力。20世纪60—70年代兴起的以重化工业为代表的临港工业区(带)是发达国家重要的工业布局特征之一。在北美,化工业2/3集中在墨西哥湾的休斯敦地区;在欧洲,从鹿特丹到安特卫普的狭长地带,形成产值几千亿美元的临港工业聚集区;日本的"三湾一海"(东京湾、伊势湾、大阪湾和内海)形成了巨大的临港型工业带。改革开放以来,中国沿海地区经济的迅速繁荣,与临港工业的布局与发展也是密不可分的。在40多年的改革开放过程中,沿海城市利用港口优势发展临港工业,获得了比内地更大的发展空间,形成了"珠三角""长三角"和"环渤海"地区三大海洋经济增长极。其中临港工业对各个经济增长极的形成与发展发挥了重要的作用。

工业化社会后期海洋产业结构的特征是：在海洋第一、第二产业协调发展的同时，海洋第三产业开始由平稳增长转入持续的高速增长，最终成为海洋经济的主导产业。进入21世纪，中国海洋产业结构开始呈现出上述特征，海洋第三产业快速增长，2012年中国海洋经济三次产业结构比例为5.3∶45.9∶48.8，海洋第三产业成为海洋经济中比例最大的产业。

4.后工业化社会的区域海洋产业布局

在后工业化社会，海洋第三产业将进一步分化，职能密集型和知识密集型的海洋第三产业开始从海洋服务业中分离出来，并占主导地位。目前，很多沿海发达国家已经进入后工业化社会。这些国家的海洋产业基本上实现了现代化，现代化的海洋渔业完全被融于海洋第二、第三产业中，如以工厂化养殖为主的现代化渔业、以休闲渔业为标志的现代海洋渔业服务业等。

海洋第二产业尤其是海洋高新技术产业发展迅速。20世纪90年代以来，世界海洋GDP快速增长，主要增长领域在海洋石油和天然气、海洋水产、海底电缆、海洋安全业、海洋生物技术、水下交通工具、海洋信息技术、海洋娱乐休闲业、海洋服务和海洋新能源等领域。海洋经济发达国家普遍重视开发海洋高新技术，从事海洋环境探测、海洋资源调查开发、海洋油气开发等。

进入后工业化社会，沿海发达国家依靠在海洋高科技中的领先地位实施其海洋产业发展战略，抢占海洋空间和资源，并将深海列为海洋第二产业的主要布局区域。另外，海洋生态保护产业已成为后工业化社会海洋经济的重要组成部分。

二、区域海洋经济发展优势分析

区域经济发展优势是指某个区域在其发展过程中，所具有的特殊有利条件，由于这些条件的存在，使该区域更富有竞争能力，具有更高的资源利用效率，区域总体效率保持在较高水平。区域发展优势作为一个空间概念，具有明显的地域性。

（一）区域发展优势的相关理论

1.绝对优势理论

亚当·斯密提出了绝对优势理论。他认为，每个国家都有生产某种商品的绝对有利条件。如果各国都生产具有绝对优势条件的商品，通过国际贸易交换劣势条件商品，就能提高各国的生产率和国民财富，获取比较利益。因此，他主张国际分工的原则是，就某种商品而言，如果别的国家生产的成本比本国低，那么该国就不要生产这种商品；输出本国绝对成本低的商品换来货币，然后购买别国生产的廉价商品，就会更经济、合理。绝对优势理论揭示了国际分工和贸易的动因、目的和意义，但它无法解释没有任何绝对优势条件的国家如何参与国际分工和贸易。

2.比较优势理论

在亚当·斯密的绝对优势理论的基础上,大卫·李嘉图提出了比较优势理论。该理论的核心思想是,在比较优势的情况下,当一国在两种商品的生产上都处于劣势,而另外一国在两种商品的生产上都处于优势时,虽然一国的两种商品的生产商都处于劣势,但两者的比例程度肯定有所不同,相比之下总有一种商品的劣势要小一些,即具有相对优势。如果一国利用这种相对优势进行专业化生产,然后将其产品进行国际交换,贸易双方都能从贸易中获益。因此,每个国家不一定要生产所有的商品,而是要生产那些比较优势较大或不利较小的商品,即两两相比较,劣中取优,然后通过国际贸易,在资本和劳动力不变的情况下,使生产总量增加,这种分工对两国都有利。比较优势理论解释了没有任何绝对优势条件的国家如何参与国家分工和贸易,它是对绝对优势理论的延伸和拓展。

3.竞争优势理论

竞争优势理论是由美国经济学家迈克尔·波特提出的一套分析国家竞争力的方法。他认为,国家的产业是否具有竞争优势,可以从生产要素、需求条件、相关产业和支持产业的表现以及企业的战略、结构和竞争对手四项环境因素来分析。

(1)生产要素。生产要素是任何一个产业最上游的竞争条件,在企业的竞争中扮演重要的角色。波特认为,在大多数的产业竞争中,生产要素通常是创造得来而非自然天成,并且会随各个国家及其产业性质而有极大的差异。因此,在任何时期,天然的生产要素都没有被创造出来的、升级和专业化的人为产业条件重要。更为有趣的是,不虞匮乏的生产要素可能会反向抑制竞争优势,而不能提供正向的激励。因为当企业面对不良的生产环境时,会激励出应变的战略和创新,进而持续竞争成功。

(2)需求条件。国内市场对产业的影响主要表现在 3 个方面:国内市场的性质;国内市场的大小与成长速度;从国内市场需求转换为国际市场需求的能力。在产业竞争优势上,国内市场的影响力主要通过客户需求形态和特征来施展,产业竞争力优势应该与它的国内市场有关,因为市场会影响规模经济的大小。然而,国内市场对某个产业环节的需求量,不必然等于这个国家的竞争优势。而企业的国内市场规模就算不大,照样可以进军国际市场,撑出规模经济来。本国市场最先对某项产品或服务产生需求,会使本国企业比外国竞争对手更早行动,发展该项产业,进而产生满足其他国家客户需求的能力。国内市场最大的贡献在于,它能提供企业发展、持续投资与创新的动力,并在日趋复杂的产业环节中建立企业的竞争力。

(3)相关产业和支持产业的表现。一个企业的潜在优势是因为它的相关产业具有竞争优势。因为相关产业的表现与能力,自然会带动上、下游的创新和国际化。当上游具备国际竞争优势时,对下游产业造成的影响是多方面的。首先是下游产业因此在来源上具备及早反应、快速、有效率甚至降低成本等优点。有竞争力的本国产业通常也会带动相关产业的竞争力,因为它们之间的产业价值相近,可以合作、分享信息。此外,产业的提升效应会使企业拥有更多新机会,也让有新点子、新观念的人获得机会投入这个产业。若一个产业在国际竞争成功,将提升其互补产品或劳务的需求。

(4)企业的战略、结构和竞争对手。企业的目标、战略和组织结构往往随产业和国情的差异而不同。国家竞争优势也是指各种差异条件的最佳组合。国家环境会影响企业的管理和竞争形势。每家企业的管理模式虽有不同,但是和其他国家比较之后,依然会显现出其民族文化特色。而企业必须善用本身的条件、管理模式和组织形态,更应掌握国家环境特色。不同的发展目标,影响到企业和劳资双方的工作意愿。同时,发展目标也受股东结构、持有人进取心、债务人态度、内部管理模式以及资深主管的进步动机等因素影响。

在区域海洋经济发展中,比较优势理论和竞争优势理论都具有很好的指导意义。一方面,海洋经济是一种资源依赖性很高的经济活动,资源禀赋的差异决定海洋产业的分布和空间布局,比如港口、渔业资源,因此在区域海洋经济发展时要考虑海洋资源的静态分布状况。另一方面,海洋产业的发展需要充分考虑上述4个关键要素以及政府行为和机遇的相互作用。

(二)区域发展优势的识别要素

1.自然资源

自然资源是区域经济发展优势的物质基础。其原因有以下3个方面。

①自然资源是区域生产力的重要组成部分,人类社会的生产活动离不开自然资源。

②自然资源是区域生产发展的必要条件,没有必要的自然资源,绝不可能出现某种生产活动。但是,一个地区存在某种资源,并不一定就能发展某种生产活动,因为某种生产活动的发展不仅受资源条件制约,而且还受经济基础、技术条件以及市场供需条件等制约。所以,自然资源是区域生产发展的必要条件,而非充分必要条件。

③随着科学技术的进步和生产力水平的提高,人们一方面对作为直接劳动资料和劳动对象的自然资源开发的深度与广度不断扩展;另一方面对自然资源不断加工而形成的间接劳动资料和劳动对象也迅速扩展。这似乎使当今人们对自然资源的依赖程度大大减弱,自然资源对区域生产发展的基础作用大为降低。实际不然,因

为对自然资源开发利用广度和深度的扩展,只说明人类可利用的自然资源种类增多,或找到了某种自然资源的可替代物,或对某种资源的利用率提高,暂时摆脱了某种自然资源在数量上或性能上的限制,但并未摆脱对自然资源的依赖;而对自然资源不断加工所形成的间接劳动资料和劳动对象的迅速扩展,也是以作为直接劳动资料和劳动对象的自然资源为基础的。所以,人类社会的物质生产是脱离不了自然资源的。

2.区位条件

区位条件是区域经济发展优势的必要前提。区域内自然资源的丰裕程度并不能完全决定区域经济发展水平的高低,在区域经济的发展中,还存在着区位影响因素,地理与区位因素反映了区域经济发展的空间约束,是影响区域经济发展的重要因素。地区之间的地理差异非常明显,制约了各区域对经济发展模式的选择,而区位因素对区域经济发展的影响主要体现在周边区域间的极化与扩散方面。区域经济发展中的区位因素在联系较为紧密、合作程度较高的区域合作地区作用较为明显。各地区的核心区域,经济发展的区位因素影响效应十分突出。

3.人口素质

人口素质是区域经济发展优势的重要基石,包括人口的身体素质、文化科学素质和思想素质,三者共同构成人口素质的主要内容。身体素质是人口质量的基础和条件,文化科学素质和思想素质是人口质量的核心和重要标志。区域可能提供的劳动力数量固然是制约区域经济发展的一个重要因素,但更重要的是劳动力的质量。因为劳动有简单劳动和复杂劳动、高效劳动和低效劳动之分,不同质量的劳动者在单位时间内创造的价值相差极大。目前,多数社会经济发达的区域人口数量较少,人口素质较高;而社会经济不发达的区域人口数量较多,人口素质较低。随着科学技术的不断提高,人口素质对区域经济的发展将发挥更重要的作用。

4.科学技术

科学技术是区域经济发展的重要动力。自然条件和自然资源提供了区域发展的可能性,而科学技术将这种可能性转变为现实。科学技术不仅可以改变自然资源的经济意义,减少区域发展对非地产资源的依赖,更推动了区域经济结构的多样化。新产品的层出不穷,催生了新的需求,导致需求结构和消费结构日益丰富多彩。而且,原有的产品功能和效用不断拉伸、裂变,新的产业部门不断出现。科技的进步一方面解放了更多的劳动力;另一方面也创造了更多的劳动力需求。就业结构的改变、消费结构的升级,不断提高第三产业地位,并最终导致区域产业结构发生改变。

5.区域经济政策

经济政策是区域经济发展优势的保障。区域政策是区域战略的支撑,因而,在确定区域政策前,一般需要明确区域发展战略。当选择支持困难区域时,主要目标一般为贫困人口减少量和基本服务水平提高程度;而当选择支持潜力最大区域时,通常用资源开发利用程度和发展水平作为主要目标;当选择充分就业时,主要目标应该是就业率(或失业率)与新创造工作机会数量;当选择支持结构优化时,主要目标为最终经济结构状态、新产业所占比重、新技术企业创办率等;当选择全面发展时,各地区的投资规模、整体经济增长率和区域内部差距缩小会成为主要目标;而当选择发展增长中心时,企业集中度、中心同其腹地的联系等应该是主要目标。总之,区域政策目标有多种,且不同时期的政策目标可能会有所不同。

除上述要素以外,区域的政治社会环境、自然环境条件、基础设施条件以及区域经济发展实力等,也是影响区域经济发展的基本因素。

(三)区域发展优势的确定方法

1.列举法

为了综合评价地区的生产发展条件、确定区域优势,可以采用列举法,将各部门生产发展要求满足的条件与地区可能提供的条件进行逐条比较,然后加以综合分析,作出评价。制表的方法如下。

(1)粗选优势部门。根据区域生产发展的有利条件,粗略估计有哪些部门可能发展成为区域优势部门。

(2)进行列表筛选。首先列出这些部门在布局上要求满足的区域因素,并区分为指向性因素(用◎表示)、重要因素(用“×”表示)和一般因素(用“○”表示),然后再将这些产业部门在布局上要求满足的条件与区域可能提供的条件做比较,区域条件按优、良、差给分。

(3)综合分析评价。综合分析各方面的条件,运用评分等方法,确定区域优先发展的产业。

2.区域主导产业发展阶段识别法

区域经济的兴衰主要取决于其产业结构的优劣,而产业结构的优劣主要取决于地区经济部门,特别是主导产业部门在产业生命循环中所处的发展阶段。如果一个地区的主导产业部门由处于开发创新阶段的兴旺部门组成,这标志着该地区仍然可以保持住发展势头,区域经济发展是健康的。如果一个地区的主导产业部门主要是由处于成熟阶段和衰退阶段的部门组成,则区域经济必然会出现经济增长缓慢、失业率上升、人均收入水平下降等征兆,或已陷入严重的经济危机之中,区域经济发展存在着严重的症状。可借用霍福尔产品/市场发展矩阵加以分析(图 3-1)。

如图 3-1 所示,*A* 地区的主导产业由处于开发创新阶段和成长阶段的部门组成,且在市场竞争中居于强势地位,表明 *A* 地区未来发展势头强劲;*B* 地区的主导产业由处于成长和扩张阶段的部门组成，在市场竞争中地位居中，表明 B 地区发展潜力较大；C 地区主导产业由处于成熟阶段的部门组成，在市场竞争中的地位居中偏强，表明 C 地区未来发展优势减弱；D 地区主导产业由处于成熟和衰退的部门组成且在市场竞争中居于弱势，表明 D 区域已无发展优势，需要调整区域发展战略。

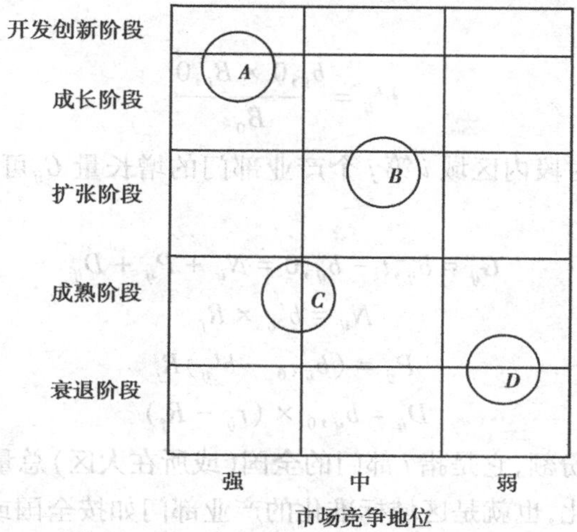

图 3-1 霍福尔产品/市场发展矩阵

3. 区域产业结构优势识别法

对区域产业结构的发展现状可采用偏离-份额分析法来识别，常用的比较变量是职工人数、国内生产总值的增长量或增长速度。

偏离-份额分析法是将一个特定区域在某一时期经济变量(如收入、产出或就业等)的变动分为 3 个分量，即份额分量、结构偏离分量和竞争力偏离分量，以此说明该区域经济发展和衰退的原因，评价区域经济结构优劣和自身竞争力的强弱，找出区域具有相对竞争优势的产业部门，进而确定区域未来经济发展的合理方向和产业结构调整的原则。

假设区域：在经历了时间$[0,t]$之后，经济总量和结构均已发生变化。设初始期(基年)区域 i 经济总规模为 $b_i,0$(可用总产值或就业人数表示)，末期(截至年 t)经济总规模为 b_i,t；同时，依照一定的规则，把区域经济划分为 n 个产业部门，分别以 $b_{ij},0,b_{ij},t,j=(1,2,\cdots,n)$ 表示区域 i 第 j 个产业部门在初始期与末期的规模；并以 B_0 和 B_t 表示区域所在大区或全国在相应时期初期与末期经济总规模，以 $B_j,0$ 与 B_j,t 表示区域所在大区或全国初期与末期第 j 个产业部门的规模，则区域 i 第 j 个产业部门在$[0,t]$时间段的变化率：

$$r_{ij}=\frac{b_{ij}\big|,t-b_{ij},0}{b_{ij},0}$$

所在大区或全国 j 产业部门在[0,t]内的变化率：

$$R_j = \frac{B_j,t - B_j,0}{B_j,0}$$

以所在大区或全国各产业部门所占的份额按下式将区域各产业部门规模标准化得到：

$$b'_{ij} = \frac{b_i,0 \times B_j,0}{B_0}$$

这样，在[0,t]时段内区域 i 第 j 个产业部门的增长量 G_{ij} 可以分解为 N_{ij}、P_{ij}、D_{ij} 3 个分量，表达为

$$G_{ij} = b_{ij},t - b_{ij},0 = N_{ij} + P_{ij} + D_{ij}$$

$$N_{ij} = b'_{ij} \times R_j$$

$$P_{ij} = (b_{ij},_0 - b'_{ij})R_j$$

$$D_{ij} = b_{ij},_0 \times (r_{ij} - R_j)$$

N_{ij} 为全国增长份额，它是指 j 部门的全国（或所在大区）总量比例分配，区域 i 的部门规模发生的变化，也就是区域标准化的产业部门如按全国或所在大区的平均增长率发展所发生的变化量。

P_{ij} 称为产业结构转移份额（或产业结构效应），它是指区域部门比重与全国（或所在大区）相应部门比重的差异引起的区域 i 第 j 部门增长相对于全国或大区标准所产生的偏差，它排除了区域增长速度与全国或所在区域的平均速度差异，假定两者等同，而单独分析部门结构对增长的影响和贡献。所以，此值越大，说明部门结构对经济总量增长的贡献越大。

D_{ij} 为区域竞争力份额（或区域份额效果），它是指区域 i 第 j 个部门增长速度与全国或所在大区相应部门增长速度的差别引起的偏差，反映区域内 j 部门相对竞争能力，此值越大，则说明区域内 j 部门竞争力对经济增长的作用越大。

（1）若结构偏离分量为正值（$P>0$），说明该区域的产业结构优于全国水平，如果为负，则说明该区域的产业结构落后于全国水平。

（2）若竞争力偏离分量为正值（$D>0$），说明该区域产业竞争力大于全国的竞争力，反之，则不如全国的竞争力。

（3）上述两个分量可反映出区域经济增长的外部因素和内部因素、主观因素和客观因素的作用情况以及区域经济发展中存在的问题。

（四）区域海洋经济发展优势实证分析

区域海洋经济发展优势是指海洋经济区在海洋资源、地理位置、科技实力、人才队伍、基础设施等方面所体现出的核心竞争力，这些优势条件将在区域海洋经济建

设中占据主导地位,并发挥对其他行业的促进作用。在具体形态上,这些发展优势的类型可分为绝对优势与相对优势、现实优势与潜在优势、区位优势与非区位优势以及空间优势与时间优势。根据各沿海省、市、区某月各省市区主要海洋产业的总体运行情况,分析结果如下:

辽宁省滨海旅游业、海洋渔业、海洋交通运输业增长量相对较大,其中海洋渔业的结构转移份额和竞争力份额均为正,表示海洋渔业既具有良好的结构优势又具有良好的竞争力,而滨海旅游业和海洋交通运输业结构转移份额为负,竞争力份额为正,表明滨海旅游业和海洋交通运输业具有良好的竞争力优势但不具有结构优势。

河北省海洋交通运输业、滨海旅游业增长量相对较大,其中海洋交通运输业的结构转移份额为正,表明其只具有良好的结构优势,而滨海旅游业的竞争力份额为正,说明其只具有一定的竞争力优势。

天津市油气业和滨海旅游业增长量相对较大,其中海洋油气业结构转移份额及竞争力份额均为正,表示其具有明显的结构优势和良好的竞争力优势,而滨海旅游业结构转移份额为正,竞争力份额为负,表明其只具有一定的结构优势。

山东省海洋渔业、海洋交通运输业、滨海旅游业增长量相对较大,其中海洋渔业的增长量明显高于其他产业且具有明显的结构优势和良好的竞争力优势,而海洋交通运输业和滨海旅游业只具有明显的竞争力优势,不具有结构优势。

江苏省海洋交通运输业、海洋船舶工业增长量相对较大,其中海洋交通运输业具有良好的结构优势和竞争力优势,而海洋船舶工业只具有明显的竞争力优势,不具有结构优势。

上海市滨海旅游业增长量明显高于其他产业但是只具有明显的结构优势,不具有竞争力优势,海洋船舶工业、海洋交通运输业增长量也相对较大,但远低于滨海旅游业,同样只具有结构优势,不具有竞争力优势。

浙江省滨海旅游业、海洋交通运输业、海洋工程建筑业、海洋渔业的增长量均相对较大,其中滨海旅游业既具有结构优势又具有竞争力优势,而海洋交通运输业和海洋工程建筑业只具有良好的竞争力优势,海洋渔业只具有良好的结构优势。

福建省滨海旅游业和海洋渔业增长量相对较大,其中滨海旅游业只具有良好的竞争力优势,海洋渔业只具有良好的结构优势。

广东省滨海旅游业、海洋化工业、海洋交通运输业、海洋油气业的增长量均相对较大,其中滨海旅游业增长量明显高于其他产业且滨海旅游业与海洋油气业只具有明显的结构优势,不具有竞争力优势,而海洋化工业只具有明显的竞争力优势,海洋交通运输业不具有结构优势和竞争力优势,其增长主要来自全国增长份额。

广西壮族自治区各海洋产业增长量均较低,其中相对较高的是海洋渔业,既具有结构优势又具有竞争力优势。

海南省各海洋产业增长量也较低,其中相对较高的是海洋渔业和滨海旅游业,均既具有结构优势又具有竞争力优势,海洋渔业的优势相对明显。

第三节 区域海洋产业结构分析

区域海洋产业结构分析是区域海洋经济研究的重要内容之一。在某特定区域内,之所以拥有某种类型的产业结构,是由该特定区域的优势和全国经济空间布局的总体要求所决定的。鉴于不同区域资源禀赋、经济发展水平等的不同,对区域海洋产业结构进行分析时必须采用科学合理的分析方法,做到规范分析与实证分析相结合、静态分析与动态分析相结合、定性分析与定量分析相结合,以保证分析的全面性、准确性和可操作性。本书第三章有关产业分析的内容,包括产业结构分析指标和方法等,同样适用于区域海洋产业结构分析。本节重点讲述区域产业结构的优化和配置。

一、区域产业结构的优化

区域产业结构优化是指通过产业的调整,使各产业实现协调发展,并满足区域经济不断增长的需要的过程。区域产业结构优化不仅包括产业结构的合理化和高度化,还包括产业发展国际化、产业素质与竞争力的提高。因此,区域产业结构优化是一个相对的概念,它不是指产业结构水平的绝对高低,而是在区域经济效益最优的目标下,根据区域的地理环境、资源条件、经济发展阶段、科学技术水平、人口规模、国际经济关系等特点,通过产业结构优化,使之达到与上述条件相适应的各产业协调发展的状态。

合理与协调的区域产业结构是区域经济增长的重要保证。一方面,当区域产业结构出现不合理或不协调时,非常有必要进行区域产业结构调整,优化区域产业结构;另一方面,为了促进区域经济的持续快速发展,也非常有必要促进区域产业结构的合理化和高度化。所以,区域产业结构优化将会促进经济的快速发展,而经济的快速发展也会进一步促进区域产业结构优化。区域产业结构高度化就是区域产业结构升级,即区域产业结构的演进,是区域产业结构从较低水平向较高水平发展的动态过程,随着经济增长而不断变动,其演变构成了区域经济发展和国民经济发展的重要内容。

(一)区域产业结构优化的标准

区域经济的长期增长与区域产业结构变化高度相关,并且是影响区域经济增长质量和效益的关键因素之一。区域产业结构的优劣是一个区域经济发展质量和水平的重要标志,区域产业结构的演变决定着区域工业化和现代化的进程。区域产业结构是国民经济总体产业结构的子系统,其发展状况深刻地影响着国民经济的发展。国民经济的发展不仅受到各个区域产业结构的影响,还受到各个区域产业结构之间相互关系的影响。要实现国民经济的高效增长和发展,必须协调好各区域产业结构之间的关系。因此,优化区域产业结构是区域经济乃至整个国民经济实现持续、快速、健康发展的必备条件。

优化的区域产业结构应符合以下几条标准:

(1)充分、有效地利用区域内的人力、物力、财力和自然资源;

(2)适合于区际分工和国际分工;

(3)区域经济各部门协调发展,经济运行顺畅,社会扩大再生产顺利发展;

(4)区域经济持续稳定增长,适应市场需求的变化;

(5)农业、轻工业、重工业协调发展,城乡经济协调发展;

(6)劳动、资源、资本、技术和知识密集型产业协调发展;

(7)实现人口、资源和环境的可持续发展。

(二)区域产业结构优化的内容

1.选准并且优先重点发展主导产业

主导产业一经确定,就要在投入和政策上保证它得到重点发展,使之超前启动,有效承担起全国地域分工的任务,并增强其带动经济发展的辐射力。各地区应根据发挥优势、扬长避短的原则,在全国范围内构筑自己的主导产业和辅助产业。这可能有3种情况:①主导产业和辅助产业均在本区域配置;②主导产业在区内设置,与主导产业相关联的前向联系产业和后向联系产业建在区外;③主导产业在区外建立,本区域为区外主导产业设置相应的辅助产业,发挥“配角”作用。这样,不仅主导产业需要在各区域间比较选择、合理分工,而且辅助产业中的前向联系产业和后向联系产业也可以在各区域间实行分工配置、恰当布局。这种以有利于国民经济总体效益提高为目标的区域产业结构配置,可能不利于某些地区自身经济效益的获得,在这种情况下,中央政府应当实行区域补偿政策,也就是说,为了防止地方政府发展那些从本地区看效益较高,但从全国看效益较低的产业部门,国家在国民收入再分配时,中央政府应弥补其在全国区际分工中所受的损失,这样,从经济利益上削弱乃至清除各地区追求建立封闭式“大而全”“小而全”的产业结构体系的动机。

2.协调好主导产业与非主导产业的关系

关联产业在发展上应与主导产业尽可能相互配置,在建设时间上要尽可能同主导产业相衔接,在建设规模上要尽可能与主导产业相适应,区域关联产业的类型应随主导产业的不同而不同。支柱产业在发展方向上，主要是提高其产业素质，提高生产设备的技术档次，为稳定和扩展区域经济总量做出贡献。基础性产业中的消费趋向性产业及在空间上不能转移的产业，应积极创造条件，争取在区内达到平衡，其他基础性产业，有条件的就积极发展，不具备条件或自己生产经营效益太低的，可以通过区际交换、区际协作，求得相对平衡。在产业关系处理上要防止两种倾向，即：各个产业全面推进，平衡发展，部门自成体系，自给自足；或者把主导产业的生产链条都甩在区外，使主导产业与区域经济相分离。

概括起来，区域产业结构的合理化，就是要优先重点发展主导产业；配套发展关联产业，特别是前向关联产业，尽可能延长产品链条；提高支柱产业素质，保持、巩固其已有的支柱作用；积极发展需要就地平衡的基础性产业，特别是其中的"瓶颈产业"，克服其对区域经济的制约作用；扶持潜在主导产业。

（三）区域产业结构优化的评估方法

区域产业结构的优化，可采用投入产出模型和线性规划方法来实现。区域产业结构的优化实际上是以满足在目标年实现经济最优增长为基准而进行的，区域目标函数确立后，就可运用数量方法进行建模分析。其基本步骤是：

①筛选相关因子，因子随优化目标的不同而不同；

②建立优化模型，根据优化目标和约束条件，建立区域发展优化模型；

③计算及结果分析，不同目标函数和约束条件建立的优化模型，可以得出不同的优化结果，需要结合实际，根据实现各种方案目标所需的区域资源与条件来确定最优方案。

二、区域产业结构的配置

区域产业结构配置是指为使区域经济效益和社会效益最大化，各种产业遵循着一定规律和比例的动态空间组合。配置区域产业结构的实质是构筑以区域主导产业为核心的产业结构模式。

（一）区域产业结构配置的标准

区域产业结构的配置主要遵循以下3个方面的标准。

（1）要提高区域经济的增长力度，使区域产业结构按照区域优势的准则不断进行选择和交换，使区域内各产业都具有不同程度的优势。

（2）要提高区域产业间的和谐度，使区域产业联系有序化、产业比例合理化。前者是指主导产业与非主导产业之间应有极强的正向带动联系和反向配合关系，最具优势的产业对其他产业应有紧密而充分的优势传递关系；后者是指流通部门、基础设施和公用事业应在规模、质量上保持一定程度的相互适应，保障各产业的生产能力得到稳步发展。

(3)要提高区域产业结构的弹性,使区域产业结构既有吸收区域内外资源与要素或者减缓经济波动与外界干扰的素质,又有促进主导产业稳步发展的潜能。

(二)区域关联产业的配置

关联产业的配置就是根据主导产业来合理规划,促进其相关产业的发展,从而使主导产业与关联产业之间形成紧密的相互联系和相互促进的发展关系。进行关联产业配置时,需要处理好以下几个问题。

(1)以主导产业为核心,依据前向关联、后向关联和侧向关联以及区域的具体情况,选择和发展与主导产业配套的各个关联产业,为主导产业发展提供保障。

(2)以主导产业发展为起点,尽量延长产业链条。这样,既有利于区域资源的综合利用,提高资源的利用效率,又可以在主导产业与关联产业之间形成合理的分工和协作关系,提高协作能力。

(3)根据所确定的主导产业发展规模,积极利用市场机制和科学的规划、计划和管理等手段,引导关联产业以适度的规模发展。主导产业的发展往往是大规模的生产,对规模经济有较高的要求;相应地,关联产业也需要达到相应的规模,才能与主导产业在数量关系方面求得协调。

(4)根据主导产业的空间布局状况,合理布局关联产业。保证主导产业与关联产业在空间上通过合理布局而获得良好的集聚经济效益,同时,又要避免因过度集中、布局无序而造成集聚的不经济,防止因布局不合理而致使主导产业与关联产业之间陷入相互限制的局面。

(5)按照自愿和互惠互利的原则,促成关联产业与主导产业之间建立起较紧密的企业组织联系,形成大、中、小不同层次和不同功能的企业的合理组合,避免关联产业之间重复建设和过度竞争。同时,促成主导产业与关联产业之间形成较为稳定的经济技术联系,从而保障区域产业的顺利发展。

在一个区域内,并不是一定要发展所有与主导产业有关的关联产业,而是要发展有条件或有基础的关联产业,不然,就会重蹈“大而全”“小而全”的覆辙,使区域经济增长因发展了许多没有条件发展的关联产业而背上包袱。因此,对本区域没有条件发展的关联产业,应该寻求区际合作的方式来解决配套问题。

(三)区域基础产业的配置

基础产业是指主导产业和关联产业之外的区域内所有其他产业。基础产业与主导产业在生产上的联系较弱,主要是为支持主导产业与关联产业的发展而建立起来的,是区域经济发展的基础。基础产业按照服务对象和自身性质可划分为生产性基础产业、生活性基础产业和社会性基础产业 3 类,其中生产性基础产业是指为主导产业和关联产业发展提供公共服务的产业总体，如交通运输、能源供给、邮电通信等；生活性基础产业是指为产业职工及其家属提供公共服务的产业总体，如住宅、生活服务、公用事业等；社会性基础产业是指为整个社会发展提供服务的产业总体，如教育、卫生、治安、环保等。

基础产业是区域经济发展必须具备的部门，是主导产业和关联产业发展的重要保障。在进行基础产业的配置时应根据主导产业及关联产业发展的需要，合理引导和组织基础产业的发展，为主导产业和关联产业创造良好的外部环境和提供必不可少的支撑。同时，基础产业还要为其他产业、社会发展和人民生活服务，以满足社会发展和生活的多方面需求。

此外，还应重视潜在主导产业及支柱产业的发展。潜在主导产业代表了产业未来的发展希望。在构建区域产业结构时，必须考虑如何根据世界技术进步的大趋势、全国经济发展的总体走向以及本区域的具体经济发展状况与条件，选择有巨大发展前景的新兴产业作为潜在主导产业，并且在技术引进、资金供给和人才培养等方面给予扶植，创造条件促使其逐步发育和壮大。对于支柱产业，由于它对区域经济增长有着重要的贡献，是其他产业发展的重要支撑，因此，要给予必要的支持和保护。同时，要积极采用新的技术改造支柱产业，使它能够保持长久的生命力，防止过早地出现衰退而限制了区域经济增长。

三、区域海洋产业结构实证分析

区域海洋主导产业既具有区域主导产业的内涵，又体现海洋产业的特征。区域海洋产业结构优化与配置的本质是正确选择海洋主导产业，引导和培育其健康快速发展；以此为核心，带动其他相关产业的蓬勃发展，共同推进区域海洋产业结构的合理化演进，实现海洋经济的可持续发展。因此，区域海洋主导产业的分析、区域关联产业的分析以及两者合理化配置模式的分析对于区域海洋产业结构的优化升级和区域海洋经济的可持续发展具有至关重要的作用。

(一)区域海洋主导产业的分析

区域海洋主导产业具有产业结构先进性、技术创新性、发展成长性、区域优势性以及海洋经济的特殊性。区域海洋主导产业的选择是一个主观与客观相结合、定性与定量相结合的多层次的选择过程，包括判断、评价、选择 3 个步骤。其中，关于区域海洋主导产业的评价，主要包括层次分析法、灰色聚类定权法、主成分分析法、因子分析法、模糊评价法、熵值法等。区域海洋主导产业的选择，不仅要遵守区域海洋主导产业评价基准，还要充分考虑区域海洋产业发展的社会因素、政策因素及约束条件。

我国海洋产业以海洋渔业、滨海旅游业、海洋交通运输业为主；以海洋生物医药业、海水利用与海洋电力业作为新兴海洋产业为潜在海洋主导产业。另外，一些学者也给出了部分沿海地区的海洋主导产业选择结果，如山东省以海洋化工业、海洋生物医药业、海洋船舶工业以及海洋工程建筑业作为海洋主导产业；海洋油气业、滨海旅游业、海水利用与海洋电力业及海洋交通运输业作为山东省潜在海洋主导产业。浙江省的海洋交通运输业、滨海旅游业、海洋船舶工业、海洋渔业发展状况良好，领先于其他海洋产业，而且对产值、就业等方面都有非常明显的拉动作用，具备成为主导产业的条件。在封闭经济下，宁波市的海洋主导产业为海洋油气开采业及加工业、海洋生物医药业、海洋船舶修造业以及海洋金融保险业。在开放经济下，宁波市的海洋主导产业为海洋油气开采及加工业、海洋生物医药业、海洋金融保险业。

（二）区域海洋关联产业的分析

区域海洋主导产业与其关联产业并不是彼此孤立的。二者共同存在于区域产业大系统之中，是区域海洋产业发展的两个重要支柱。两者之间在时间上是共同存在的，有着较强的共存关系。但是，在空间和生产要素使用上，两者之间表现最为明显的又是一种竞争关系。当这种竞争关系处理不当时，就会升级为互损关系，这将严重影响区域海洋主导产业与其关联产业的各自利益。因此，不仅要识别出区域主导海洋产业，还要能够挖掘与其关联产业的相互联系，从而促进两者的协调发展。

我国主要海洋产业与海洋经济的关联程度由大到小依次是滨海旅游业、海洋交通运输业、海洋渔业、海洋盐业、海洋油气业、海洋工程建筑业、海水利用业、海洋船舶工业、海洋化工业、海洋电力业、海洋生物医药业、海洋矿业。其中与海洋渔业主相关的包括海洋油气业和海洋工程建筑业；与滨海旅游业主相关的包括海洋油气业、海洋工程建筑业、海水利用业；与海洋交通运输业主相关的包括海洋油气业和海洋工程建筑业。采用投入产出方法，我们可以得到海洋主导产业在国民经济这个大系统中与其他产业的相互关系结果。海洋渔业中的水产品加工业的前向关联系数较低而后向关联系数较高，表明这些产业靠近产业链的末端，对于下游产业的供给推动作用较弱，而对于上游产业的需求拉动作用较强。海洋交通运输业涉及的水上运输业和滨海旅游业涉及的住宿业，这些产业的前向关联系数和后向关联系数都较高，表明这些产业位于产业链中间，对于下游产业的供给推动作用和上游产业的需求拉动作用都较强。

（三）区域海洋主导与相关产业的配置模式分析

基于第三章的分析结论，我们给出如下的区域海洋产业结构系统，包括区域海洋主导产业、关联产业和基础性产业三类（图 3-2），构成以区域海洋主导产业为核心的区域三环同心圆产业结构模式（图 3-3）。下面利用我国海洋主导产业的计算结果,分析我国海洋经济发展过程中的三环同心圆产业结构模式。

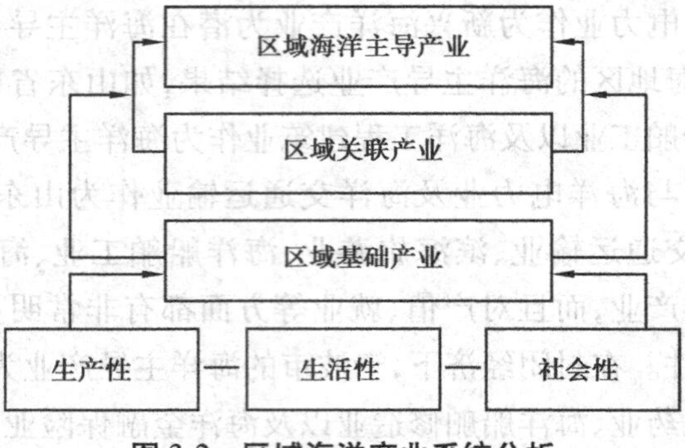

图 3-2　区域海洋产业系统分析

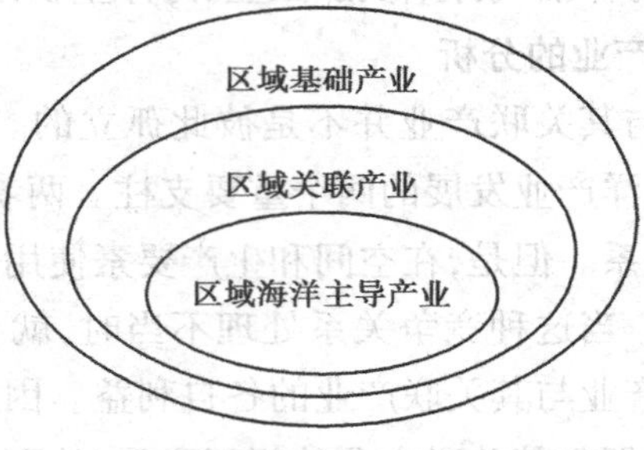

图 3-3　区域三环同心圆产业结构模式

第一环:海洋渔业、滨海旅游业、海洋交通运输业。作为我国传统产业的渔业在近几年的产业结构演变中的比例逐渐降低,但仍是我国海洋产业乃至整个海洋经济的主体,这与海洋的自然资源属性密不可分,在今后的海洋产业结构优化中仍将是一个重点产业。滨海旅游业在我国海洋产业中发展迅速,各沿海地区不断加大发展力度,已成为海洋产业的重要组成部分和沿海地区新的经济增长点,其发展已纳入各地区的海洋经济发展战略之中。作为传统第三海洋产业的交通运输业具有广延性、国际性和连续性的特点。目前,其产业配置思路基本形成了以国内外市场为需求,以能源、外贸运输为重点,以港口主枢纽、海运主通道为支架,与国民经济和现代海洋开发逐步相适应的海上交通运输体系。

第二环:海洋油气业、海洋工程建筑业、海洋船舶工业、海水利用业以及海洋渔业的前向关联产业、海洋交通运输业和滨海旅游业的前向与后向关联产业。我国海洋油气业是前景广阔、增长最快的产业,已成为新兴支柱产业,目前主要集中在渤海和南海北部,可以作为这两个区域的战略性海洋产业进行发展。海洋工程建筑业在新一轮的海洋开发热潮下,得到了极大推动和发展,如大连星海湾跨海大桥、厦漳跨海大桥、象山港大桥、青岛胶州湾大桥、胶州湾海底隧道等。作为世界造船大国之一,我国船舶工业发展迅速,正在向科技含量高的现代化船舶——油轮、集装箱船、液化气船转型,目前主要分布在上海、辽宁、山东、广东和江苏等地区。从产业政策支持角度来看,海水利用业是沿海地区发展循环经济的支撑产业,国家相继出台相关政策,鼓励发展海水利用业。国家政策的导向,为海水利用业指明了发展方向,保证了海水利用业的长期发展。海洋渔业的前向关联产业、海洋交通运输业和滨海旅游业的前向与后向关联产业,这些与海洋主导产业紧密相关的陆域产业的合理化发展,必然能进一步促进海洋渔业、滨海旅游业、海洋交通运输业的结构优化和协调发展。

第三环:其他产业。区域海洋产业结构分析,必然要结合区域经济发展的实际情况,根据区域特色进行区域海洋产业结构的优化与配置。因此,在区域三环同心圆产业结构模式中的第三环产业分析中,要依据区域特征进行分析。例如,山东的海盐业和海洋化工业、浙江的海洋工程建筑业、江苏的海洋生物医药业等,该类海洋产业结构发展并不具有普遍性,而是带有明显的地域禀赋特征,要结合区域实际情况和海洋产业发展阶段进行合理化配置。

第四节 区域海洋经济发展模式分析

区域经济发展是指通过技术创新、产业结构升级以及社会进步实现区域经济发展质量的提高。区域经济发展包括以下三个方面的含义:

①人均收入水平的提高;

②以技术进步为基础的产业结构升级;

③城市化水平的提高。

这三个方面也是衡量区域经济是否实现发展的判断标准,三者缺一不可。

一、区域经济发展的相关理论

(一)区域经济均衡增长理论

均衡增长是指在整个工业或国民经济的各部门中,按同一比率或不同比率同时、全面地进行大规模投资,从而使各部门间实现相互配合和支持的全面发展。根据所强调侧重点的不同,区域经济均衡增长理论包括极端的区域经济均衡增长理论、温和的区域经济均衡增长理论和完善的区域经济均衡增长理论。均衡增长理论强调大规模投资对实现全面、均衡增长的重要性,但在发展中国家,由于存在资金短缺和人才不足等问题,加之市场经济体制的不完善,因此不可能筹集大量资金并按一定比例分配到各部门,实现大推进的均衡增长战略显然会遇到很多阻碍,均衡增长理论必然会被非均衡增长理论所代替。

(二)区域经济非均衡增长理论

1.缪尔达尔的“地理上的二元经济结构”理论

1957年,瑞典经济学家、诺贝尔奖获得者缪尔达尔提出了“地理上的二元经济结构”理论,指出不发达国家的经济发展中存在着经济发达地区和不发达地区并存的“二元经济结构”。区域间“二元经济结构”的出现是由于存在着一种“循环积累因果关系”,在区域经济发展的过程中,区域间发展差异的出现会进一步使发展快的地区发展得更快,发展慢的地区相对发展得更慢,地区间经济发展水平的差异会进一步拉大。循环积累因果关系之所以出现,是因为存在着“回波效应”和“扩散效应”。“回波效应”是指落后地区的劳动、资本、技术、资源等要素受发达地区较高收益率的吸引而向发达地区集聚的现象;“扩散效应”是指经济中心的经济扩张对边缘地区经济发展的有利影响。

1970年,卡尔多在继承缪尔达尔思想的基础上,进一步提出了相对效率工资的概念,并建立了一个与缪尔达尔模型相似的区域经济增长模型。他认为,相对效率工资(货币工资与生产率指标之比)决定区域在全国市场所占的比重,相对效率工资越低,区域产出增长率越高。由于国内区域的货币工资水平及其增长率是相同的,而繁荣区域因聚集经济存在生产规模报酬递增,其产出增长率的上升导致了较高的生产力增长率;高生产率降低了相对效率工资;反过来,相对效率工资下降又导致区域产出增长率进一步提高,如此循环积累。

2.赫希曼的“核心区与边缘区”理论

1958年,美国著名经济学家赫希曼提出了区域非均衡增长的“核心区与边缘区”理论。该理论认为经济发展不会同时出现在所有地方,而一旦出现在某处,在巨大的集聚经济效应作用下,要素将向该地区集聚,使该地区的经济增长加速,最终形成具有较高收入水平的核心区。与核心区相对应,周边的落后地区称为边缘区。在核心区与边缘区之间同时存在着两种不同方向的作用,即“极化效应”和“涓滴效应”。“极化效应”是指核心区在与边缘区的关系中处于支配地位,将各种要素和资源吸引到核心区,引起边缘区的衰退。“涓滴效应”是指核心区在其经济增长过程中将不断购买边缘区的原料、燃料,向边缘区输出剩余资本和技术,带动边缘区轻工业的经济发展。

3.弗里德曼的“中心-外围模型”

美国经济学家约翰·弗里德曼用实例论证了区域经济增长从不均衡到均衡的变化过程,提出了“中心-外围模型”。“中心”是指决定经济体系发展路径的局部空间,“外围”是指在经济发展体系中处于依附地位的局部空间。中心和外围共同构成了一个体系,它是以权威性和依附性关系为标志的。弗里德曼将区域经济增长的特征与经济发展的阶段联系起来,把区域经济发展划分为四个阶段:前工业化阶段、中心-外围阶段Ⅰ(工业化初级阶段)、中心-外围阶段Ⅱ(工业化成熟阶段)和空间经济一体化阶段(后工业化阶段)。

根据弗里德曼理论,城市体系形成区域经济发展的主要形式是:通过中心的创新聚集或扩散资源要素,引导和支配外围区,区域发展要经历差距先扩大、后缩小,最终走向区域经济一体化的完整过程。这与赫希曼的"核心区与边缘区"理论的基本观点是一致的。

(三)区域经济发展增长极理论

1.佩鲁的区域增长极理论

区域增长极理论由法国经济学家佩鲁于20世纪50年代提出,其基本观点是:增长并非出现在所有地方,它以不同的强度出现在一些增长点或增长极上,然后通过不同的渠道向外扩散,并对整个经济产生不同的最终影响。经济发展的主要动力是技术进步和创新,而创新总是倾向于集中在一些特殊企业,这类特殊企业就属于领头产业。领头产业,一般来讲其增长速度高于其他产业,也高于工业产值和国民生产总值的增长速度,同时也是主要的创新源。这种产业是最富有活力的,被称为活动单元。这种产业在增加其产出(或购买性服务)时,能够带动其他产业的产出(或投入)的增长,也就是说,这种产业对其他产业具有很强的连锁效应和推动效应,被称为推进型产业,后来又被称为增长诱导单元。这种活动单元或增长诱导单元就是增长极,受增长极影响的其他产业是被推进型产业。推进型产业与被推进型产业通过经济联系建立起非竞争性的联合体,通过向后、向前连锁带动区域经济的发展,最终实现区域经济发展的均衡。

2.布代维尔的区域增长极理论

佩鲁的区域增长极理论所关心的是增长极的结构空间,尤其是产业间的关联效应,而忽视了增长极的地理空间,这是其理论的最大缺陷。法国另一位著名经济学家布代维尔将地理空间引入增长极,以此弥补佩鲁的区域增长极理论的缺陷。其基本观点是:经济空间是经济变量在地理空间之中或之上的运用,增长极将作为拥有推进型企业的复合体的城镇出现。增长极是指在城市区位配置不断扩大的工业综合体,并在其影响范围内引导经济活动的进一步发展。该理论认为,首先通过产业群的简单延伸在空间上聚集;其次,通过联系这些群体到城市区位上;最后,集中外溢效应并不是对整个经济整体,而是对周围腹地。最为密切关联的产业在地理上聚集,导致直接的政策应用,即经济活动的空间聚集比分散更有效并有益于经济增长。这种地理空间上的极点常与区域中的城镇联系起来。

区域增长极理论对发展中国家产生了很大的影响和吸引力，不少国家依据这一理论来制定区域发展规划、安排投资布局和工业分布、建立经济特区等。

（四）区域经济发展变化的长期规律——倒“U”学说

1965 年，美国经济学家 J.C.威廉姆逊在其著名的论文《区域不平衡与国家发展过程》中，以人均收入水平的加权变异系数作为地区经济发展水平差异的主要评价指标，通过 24 个国家的横断面数据和 10 多个国家的短期时间序列数据进行分析，得出了区域经济发展变化的长期规律——倒“U”形曲线。

不同发展阶段的区域差异程度（图 3-4）表明：在经济欠发达的时点上（*A* 点），区域经济不平衡程度较低；在经济开始起飞的初级阶段（*A-B*），区域差异逐渐扩大；当经济发展进入成熟阶段（*B-C*），随着全国统一市场的形成，发达地区投资收益递减，资本等生产要素向欠发达地区回流，区域差异趋于缩小。

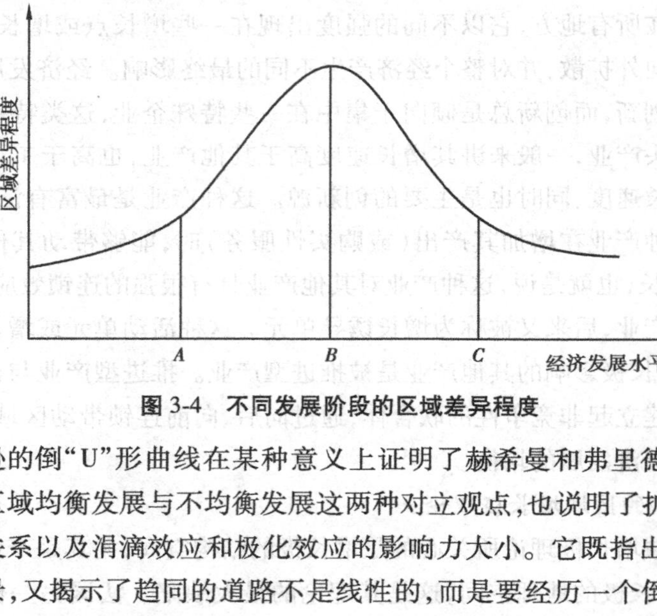

图 3-4 不同发展阶段的区域差异程度

威廉姆逊的倒“U”形曲线在某种意义上证明了赫希曼和弗里德曼的观点。它不仅调和了区域均衡发展与不均衡发展这两种对立观点，也说明了扩散效应和回波效应的强弱关系以及涓滴效应和极化效应的影响力大小。它既指出了区域发展趋同的光明前景，又揭示了趋同的道路不是线性的，而是要经历一个倒“U”形的曲折过程，这种认识符合唯物辩证法关于事物发展变化的规律。但该模型过分强调了市场机制在缩小区域差距中的作用，而忽视了在这个过程中，倒“U”形顶部拐点的出现很可能需要政府干预。

（五）区域经济发展梯度理论

经济梯度是指区域间经济发展水平的差异。梯度理论的基本观点是：在一国（地区）范围内，经济技术的发展是不平衡的，客观上已形成一种经济梯度，有梯度就有空间推移。生产力的空间推移，要从梯度的实际情况出发，首先让有条件的高梯度地区引进、掌握先进生产技术，然后逐步向处于二级梯度、三级梯度的地区推移。

随着经济的发展,推移速度加快,也就可以逐步缩小地区间的差距,实现经济分布的相对均衡。

反梯度推移理论认为,按现有的生产力发展水平进行的梯度推移顺序,不一定就是引进先进技术和经济开发的顺序,这一顺序要由经济发展的需要与可能来决定。只要经济发展需要,又具备必要的条件,就可以引进先进技术进行经济开发,而不管这一地区处于哪个发展梯度。落后的低梯度地区可根据自己的实际情况,直接引进世界最新技术。发展自己的高新技术,实行超越发展,然后向二级梯度、一级梯度地区进行反梯度推移。即落后地区可以充分运用其后发优势,通过引进先进技术,实现生产力的跳跃式发展。

(六)点轴开发论

陆大道于1985年根据区位论和空间结构理论的基本原理,提出了点轴开发论。该理论的主要观点是经济中心总是首先集中在少数条件好的区位,即点轴开发模式的点,随着经济的发展,点与点之间由于生产要素交换需要交通线路以及动力供应线、水源供应线等,相互连接起来,这就是轴线。这种轴线一经形成也会吸引人口、产业向轴线两侧集聚,并产生新的增长点,点轴贯通,形成点轴系统。

点轴系统中的"点"即中心城镇,是各级区域的集聚点,也是带动各级区域发展的中心城镇。"轴"是在一定的方向上连接若干不同级别中心城镇而形成的相对密集的产业带或人口带,可称为发展轴线。发展轴线一般是指重要的线状基础设施,如交通干线、能源输送线等经过的沿线地带,是一个线状地带,包括海岸发展轴、铁路干线沿岸发展轴、大河河岸发展轴和复合型发展轴。

点轴开发论认为,社会经济客体大都产生和集聚于一些具有特殊优势的点,即增长极的极点上,而点与点之间不是孤立的,由它们之间的线状基础设施,即极点间的轴线联系在一起形成在空间上的聚集,并通过渐进的扩散效应最终形成"点—轴—面"的空间推移,促进各地的经济获得充分的相对均衡的发展。这一模式认为我国区域经济发展,应在全国范围内,选择具有开发潜力和远景的重要交通干线,如铁路、陆路和水路等作为经济的"发展轴",再在各条发展轴上,确定重点发展的中心城市及城市发展群作为"增长点",通过加快"增长点"的经济发展,带动"发展轴"向周边延伸,进而带动全国经济的发展。

二、区域经济发展模式的选择

区域经济的发展模式,大都是依据区域经济非均衡发展理论提出的。区域是个复杂的系统,任何一种发展模式都不能解决区域发展的所有问题。世界各国或其各级地方政府都在探寻各自区域的有效开发模式。目前理论上较为成熟,实践证明比较有效的区域经济发展模式有:梯度推移发展模式、增长极发展模式、点轴发展模式和网络发展模式等。

(一)梯度推移发展模式

梯度推移发展模式适用于区域经济发展已形成经济发达区和经济落后区的地区。

一个区域的经济兴衰取决于它的产业结构,进而取决于其主导部门的先进程度。与产品生命周期相对应,可以把经济部门分为三类:产品处于创新到成长阶段的是兴旺部门;产品处于成长到成熟阶段的是停滞部门;产品处于成熟到衰退阶段的是衰退部门。如果一个区域的主导部门是兴旺部门,则被认为是高梯度区域;反之,如果一个区域的主导部门是衰退部门则属于低梯度区域。推动经济发展的创新活动主要发生在高梯度区域,然后依据产品周期循环的顺序由高梯度区域向低梯度区域转移。梯度推移主要是通过城市系统来进行的。这是因为创新往往集中在城市,城市从环境条件和经济能力来看比其他地方更容易接受创新成果。具体推移方式有两种:一种是创新由发源地向邻近的城市推移;另一种方式是从发源地向距离较远的二级城市推移,再向第三级城市推移,最后推移到所有区域。

(二)增长极发展模式

增长极发展模式通常适用于经济发展水平较低的地区。

一些经济比较落后的地区或边远地区,一般地域辽阔,自然资源丰富,但生产力水平低下,物质技术基础薄弱,开发程度较低;自然地理条件较差,交通不便,信息不灵,产业结构单一,第一产业占极高的比重,工业特别是制造业很不发达;商品经济发育差,市场规模狭小,经济增长缓慢,长期停滞在自给自足甚至不能自给自足的自然经济中;自身投资积累能力低下,缺乏自我发展能力;城市化水平较低,中心城市数量小或规模不大,分布分散,多为地方性小城镇,缺乏能带动全区发展的中心城市;城市功能主要是作为行政中心,然后才是加工中心。在建设资金十分有限,而基础设施建设又需要巨额社会资本投入的情况下,要促进这类地区的经济开发,关键点是在区域中选择适当地点作为产业生长点,即选择区位条件较好、发展潜力较大的城镇,集中布局波及效应强的主导产业和创新企业,进行重点开发,使之构成区域的增长极。通过增长极的迅速增长及其产生的较大的地区乘数效应,促进和带动广大周围地区的发展。

(三)点轴发展模式

点轴发展模式是增长极发展模式的延伸,主要适用于区域经济已经发展到一定水平,区域布局框架正在形成和完善的地区,即发展中地区或中等发达地区。

一些地区在经过第一阶段的增长极开发后,区域内一般具有较雄厚的物质技术基础,交通便利,工农业生产较发达,人口、工业及中小城镇往往围绕某个中心城市或水陆交通干线,形成经济发展水平较高的经济区域。随着工业化的推进,农业剩余劳动力开始大量地向非农产业特别是工业转移,工业在区域经济中的地位日趋重要,并逐渐取代农业而占据主导地位,促使人口、制造业等经济活动迅速向一些城市地区集中,形成启动经济发展的增长极。因此,要促进这类地区经济的进一步发展,关键是选择好重点开发轴线,采取轴线延伸、逐步积累的渐进式开发形式,即沿着重点开发轴线,配置一些新的增长极,或对轴线地带的原有增长中心、城市中心进行重点开发,使其逐步形成产业密集地带。

(四)网络发展模式

网络发展模式是点轴开发与布局的延伸和继续,一般适用于经济发达、工业化和城市化水平较高的地区。

在经历了较长时期的增长极开发和点轴开发阶段形成的发达地区中,一般经济技术发达,工业化和城市化水平较高,物质技术基础雄厚,资金自我积累能力较强;人口和产业密集,劳动力素质较高,各种生产和服务部门齐全,协作配套条件优越;基础设施完善,交通通信已形成网络化。处于这一阶段的地区,通常是国家经济重心区的所在,其经济发展状况与国民经济发展的关联度相当高。在发达、繁荣的同时,也有许多矛盾随着岁月的积累,成为潜在的衰退因素。因此,这类地区的经济发展同时面临着整治和开发两大任务。它一方面要对原有大城市集聚区进行整治,调整产业结构,扩散转移部分传统产业,重点开发高新技术,发展新兴产业;另一方面又要全面开发新区,以达到经济的空间均衡。新区的开发,一般也是采取点轴开发的形式,而不是分散投资、全面铺开。这种新旧点轴的不断渐进扩散和经纬交织,将逐渐在空间上形成一个经济网络体系。

三、区域经济发展趋同分析

(一)区域经济趋同的含义

在区域经济分析中,"趋同"是指地区间或国家间的贫富差距随着时间的推移存在着缩小的趋势。相应的,"趋异"是指不同的国家和地区存在着贫者越贫、富者越富的现象。通常把趋同现象区分为人均收入水平上的趋同(表示为σ趋同)和经济增长率上的趋同(表示为β趋同)。β趋同又分为绝对β趋同和条件β趋同。此外,还有所谓的"俱乐部趋同"。

σ趋同是指不同经济体(国家或地区)间的人均收入水平离差随着时间的推移而趋于下降。或者说,σ趋同是将所要研究的区域作为样本区域,然后选取若干年样本区域的人均收入或产值数据,逐年计算区域间实际人均收入或产值的离差与标准差。当标准差趋于下降时,表明区域间人均收入的绝对差会随着时间推移而下降,这就是 σ 趋同。相反,当标准差趋于上升时,则表明存在趋异。在标准差不存在明显的趋势时,趋同与趋异并存。

绝对 β 趋同是指初始人均产出水平较低的国家或地区人均产出增长率,比初始人均产出水平较高的国家或地区以更快的速度增长,即经济增长率与经济发展的初始水平之间存在着负相关,并且随着时间的推移,所有的国家或地区都将收敛于相同的人均收入水平。不过,绝对 β 趋同内含一个严格的假定条件,即这些最终趋同的经济体(国家或地区)具有完全相同的结构特征,包括储蓄率、人口增长率、资本折旧率和生产函数等。

条件 β 趋同是指不具有相同的经济结构特征的各个经济体之间,并没有一种自动而普遍的绝对收敛现象,即当各区域的结构差异大时,经济会向不同的稳态点收敛。

"俱乐部趋同"是指在初期经济发展水平接近的经济集团内部不同的经济系统之间,在具有相似结构特征的前提下存在趋同,即较穷和较富的区域内部各自存在条件趋同,但是两个区域之间却不存在趋同。也就是说经济发展水平相近的区域内部的增长速度和发展水平的差异存在缩小的趋势,但是区域之间的增长差异却无法缩小。

(二)区域经济趋同(趋异)的影响因素

影响区域经济趋同(趋异)的因素包括内部因素和外部因素。

1.区域经济趋同(趋异)的内部因素

(1)经济基础。

经济基础是影响各个区域之间经济差异的基本因素之一。不管是从发展速度,还是从经济规模总量上看,任何一个区域经济发展水平的变化都与这个区域的经济基础密切相关。相对欠发达地区由于在经济总量上落后比较大,因此就必须在发展速度上赶超发达地区。但是经济发展较好的地区集聚了大量的资本和技术、人才等有利于经济发展的要素,而落后地区却往往在资金上紧张,在技术上欠缺。在这样的格局下,想在一定时段内缩小区域之间的差距,使人均收入在各个地区之间平衡发展是非常困难的。当一个区域集聚了一定的资源和其他进步要素后,便会通过规模报酬递增等方式使经济活动在这个区域得到进一步集聚。初始状态决定了一个区域所处的地位。由此,现实区域经济的发展很大程度上受区域的历史基础的优劣影响。

(2)科技水平。

科学技术是生产力,但是只有把科学技术应用在生产中并转化为生产技术,此时科学技术才能真正成为生产力。在社会生产力发展的过程中,劳动者素质不断提高,劳动资料不断改进,自然资源不断开发,新型材料不断被发明和利用,并且生产力的各要素都受到合理的组织和管理等,使科学技术得到不断进步。尤其是在知识经济阶段,放大生产力各要素功能的乘数作用就更被明显地显现出来。因此可以说,科学技术是第一生产力,是知识经济发展的重要推动力量。技术进步在现代经济发展中对经济发展的作用日益突出,其作用主要有两个方面,一方面是投入角度,技术可以通过改变其他经济增长要素的形态与质量来实现自身价值,不可以将其从其他要素中分离出来。另一方面是产出角度,一般情况下技术进步对经济增长贡献是用产出的增长减去其他要素投入增长来表现的。

(3)人力资本。

内生增长模型代表罗默(Romer)认为,作为经济增长的内生变量的技术可以引致三种积极效应,分别是外部效应、生产的递增效应和新知识收益递增效应。其中,无形资本是最关键的因素,并且知识的边际生产率是递增的。卢卡斯认为,在动态的条件下,如果一个国家初始水平的人力和物质资本高,那么其经济增长的水平也将永远高于那些初始水平的人力和物质资本都低的国家。人力资本不单单可以提高劳动力的生产效率,还可以提高物质资本的生产效率。这些理论诞生之后,一些经济学家相继提出了"长期增长均衡模型""两资本部门增长模型""长期增长模型"等内生性经济增长模型。从这些增长模型中可以看出,经济学家更加强调人力资本的关键作用,在这一点上是无一例外的。

2.区域经济趋同(趋异)的外部因素

(1)政策导向。

在区域经济发展中政策导向也是影响区域之间经济差异性增长趋势的一个重要因素。一定时期内制定的区域经济发展政策,必然是立足于国家或地区总体的发展方针的,是为了满足国家和地区经济发展的需要,并针对区域经济发展中存在的问题而提出的一些政策措施。其本质就是促进区域经济健康发展。如果区域经济发展政策效果比较显著,那么可以有针对性地解决区域经济发展中存在的一些问题,并促使区域经济发展得更好、更快,具体表现为区域经济发展拥有较好的投入产出比。

(2)外商投资。

外资的流入尤其是外国直接投资的流入,不仅能够带来一些先进的技术,也可以带来先进的管理经验。外商直接投资不仅有数量上的差异,效率的差异对区域之间经济增长差异的影响更加深远,外商直接投资主要是依靠集聚效应对区域经济增长,特别是区域收入差异产生重大影响。一个区域可以利用其本身独特的区位优势和政府政策的影响来吸引更多的外资。外商直接投资大规模进入,会对该地区的技术、资本、劳动力等产生积极的影响,推动该地区经济向前快速发展,反过来,地区经济良好发展,又能促进技术进一步发展,市场进一步优化,居民生活得到保障,这样对于改善外部经济环境也是十分有利的,而这样又会进一步刺激外商直接投资的涌入。外商直接投资和地区经济增长就形成了一种相互促进的效应。

四、区域海洋经济发展模式实证分析

沿海地区海洋经济发展的基础与发展水平、区域海洋经济政策与战略、海洋资源禀赋与海洋经济的区位条件等方面均存在较大的差别,在区域海洋经济的发展过程中,各个地区依据不同的区域发展条件、海洋经济的战略定位、重点优势产业等,选择实施了不同的发展模式。尽管各地区的区域海洋经济发展模式各不相同,但是按照一定的标准进行分类,还是可以找到其中的共同之处。

(一)区域海洋经济发展特征识别

通过对我国11个沿海地区海洋经济的比较分析,发现在区域海洋经济发展过程中表现出以下几个特点。

1.区位因素对我国区域海洋经济发展的影响突出

区位因素是某一个区域与周围区域诸多社会经济事物关系的总和,对区域经济发展的进程具有重要的影响。按照自然与非自然的标准,区位因素可以分为两大类:一类区位因素与自然条件密切相关,比如临近深水港湾或较大区域的中心等;另一类区位因素是由于人类建设活动所形成的区位优势,如由于交通干线或交通枢纽的建设形成周围城镇群体等。区域海洋经济的发展符合区域经济发展的一般规律,具有区域经济发展的一般特征,因此在区域海洋经济的发展中同样会受到区位因素的影响,区域海洋经济的区位因素应该包含了所有区域间海洋经济相关各类事务的关系,包括地域、海洋水文、环境、金融与资本、劳动力资源、市场、政府行为以及政策与制度环境、可进入性、交通等。

对区域经济具有重要影响作用的区位因素同样是区域海洋经济发展中的重要组成部分,因此地理与区位因素反映了区域海洋经济发展的空间约束,是影响区域海洋经济发展的重要因素。在我国沿海地区中,地区之间的地理差异非常明显,制约了各地区海洋经济发展模式的选择,而区位因素对区域海洋经济发展的影响主要体现在周边区域间的极化与扩散方面。在联系较为紧密、合作程度较高的区域合作地区,其区位因素作用较为明显,如长三角地区和珠三角地区,而在环渤海地区则不够显著。另外,各地区的核心区域如上海、广东,其区位优势十分明显,区域海洋经济发展的区位因素影响效应十分突出。

2.产业集聚是我国区域海洋经济发展的主要方式

各沿海地区的区域海洋经济政策都选择通过推动海洋产业的集聚实现海洋经济的发展,因此,产业集聚是我国区域海洋经济发展最主要的方式。选择以产业集聚推动海洋经济发展的主要原因:一方面是产业集聚在区域经济发展中所具有的巨大优势,包括产业集聚所带来的规模经济、高度的专业化分工、生产运输交易等成本的降低、产业竞争优势的实现等可以极大地提升区域的竞争力;另一方面则是由目前我国对海洋开发的认识和开发方式所决定的,沿海地区在海洋开发过程中仍然比较看重海洋油气、化工等重化工业以及大型港口码头建设等能带来巨大收益的项目,而这些项目通常较大,需要相应的产业链等支撑体系,在建设过程中很容易形成相关产业的集聚。

以海洋产业集聚为主的发展方式决定了各沿海地区在海洋经济空间发展模式的选择上,点域、点轴、网络型的增长极发展模式具有较大的普遍性,通过增长极的快速发展所产生的扩散效应,有力地带动了区域海洋经济的整体发展。但是,目前我国各沿海地区的海洋产业集聚中以临港工业为主,增加了对海洋环境的影响程度和对海洋资源的利用强度,对海洋环境、资源造成的压力较大;各沿海地区产业集聚的形成主要依赖于地区海洋资源禀赋的比较优势和政府投资,在形成过程中很少接受市场的检验,缺乏通过市场竞争优势和以市场需求为导向所形成的海洋产业集聚,造成了各地区间缺少具有特色的海洋产业集聚;以增长极为主的普遍发展模式,在一定程度上也阻碍了区域内海洋经济的协调发展,造成了区域海洋经济发展的空间结构不尽合理。

3.海陆联动是我国区域海洋经济发展的重要途径

海陆一体化是发展海洋经济的重要战略。从区域海洋经济发展政策来看,各沿海地区都提出了海陆联动、加快海陆一体化发展的方针策略,其中除浙江和广西以外,其他地区都强调以大力发展海洋经济、借助海陆联动推动整个区域的经济发展。浙江与广西的海陆一体化则是以陆域经济为依托带动海洋经济的发展,其原因在于:浙江省陆域民营企业实力雄厚,相关特色产业具有较强的竞争力,而且浙江的海洋经济发展侧重于对上海和长三角地区的对接;广西是由于受地理位置等因素的影响,海洋经济实力较为薄弱,需要依托陆域经济的带动。

沿海地区海陆联动、一体化发展战略的实施,是在实践中探索如何实现海洋经济发展对区域发展的推动,而实践也证明了区域海洋经济具备实现区域全面发展的能力,但也表现出目前海陆联动、一体化发展的层次还比较低,各地区海陆联动发展的相关产业过于单一、存在雷同等问题,这也为进一步提高区域海洋经济发展水平提出了要求。

（二）区域海洋经济发展模式划分

根据区域经济发展的关键要素，可以把发展模式划分为：

①自然资源导向型发展模式，即把区域内部丰富的自然资源作为区域的主导优势条件，以资源开发带动区域发展；

②区位导向型发展模式，即充分发挥区位优势的发展模式，区位优势既有自然区位优势，又有人文区位优势；

③科技资源导向型发展模式，即强调科技资源的重要性，通过科技创新体系建设拉动区域经济增长；

④制度导向型发展模式，即把制度变革作为区域发展的突破口，如通过大力发展民营经济和企业改制来增强经济活力，拉动区域经济增长等。

从我国沿海地区的海洋经济发展来看，各地区都是以自身海洋自然资源优势为发展海洋经济的切入点，借助丰富的海洋自然资源作为海洋经济发展的主导条件，自然资源导向型发展模式应该是区域海洋经济发展的基本模式。此外，部分沿海地区在发展海洋经济的过程中，积极将海洋经济的发展与自身区位优势、制度创新等相结合，通过发挥区位特点、制度改革等推动海洋经济发展，可以看作一种自然资源与区位优势、制度优势相结合的综合优势导向型发展模式。因此，可以将我国区域海洋经济的发展模式划分为两大类，即自然资源导向型发展模式和综合优势导向型发展模式。在每一大类下，又可以根据海洋经济发展的空间布局不同细分为不同的种类。

1.自然资源导向型发展模式

（1）自然资源导向型点域发展模式。

在自然资源导向型的发展模式中，点域型发展表现为地域增长极的点域，即强调空间的地域增长极，重点在某一地区发展海洋经济，如中心城市、开发区、经济特区等，在点域型发展模式中增长极既可以表现为单核增长极模式也可以是双核或多核增长极模式。

采用自然资源导向型点域发展模式的地区包括：河北省以滨海旅游和加工业为主导的秦皇岛经济区、以临港重化工业为主导的唐山经济区、以滨海化工业为主导的沧州经济区联动为特征的多核增长极发展模式，重点发挥区域内的优势海洋资源——港址资源、油气资源、海盐资源和滩涂资源等；天津市以滨海新区建设为带动海洋经济发展的增长极，实施单核的点域型发展模式，突出海洋优势资源的开发利用。

（2）自然资源导向型点轴发展模式。

点轴型发展模式由地域增长极的点与连线各点的轴线（带）构成，表现为点的地域增长极通常为中心城市,连接各增长极之间的轴线可以是自然轴线或人文轴线,自然轴线如江河轴线、海岸轴线,人文轴线如铁路轴线、高速公路轴线、公路轴线、边界轴线等。点轴系统通过扩散功能带动轴线周围地区经济社会的发展。

从我国区域海洋经济发展来看,采用自然资源导向型点轴发展模式的地区包括:辽宁省重点依托沿海中心城市,通过资源整合、要素整合、功能互补,实现沿海六个城市一体化发展,以海岸线为轴,把沿海地区建成区域一体化的外向型经济协作区并划分为三个海洋经济区,即辽东半岛海洋经济区、辽河三角洲海洋经济区和辽西海洋经济区,进而向内陆辐射,带动内陆发展,开发的重点是优势海洋自然资源,包括滩涂资源、港口资源、渔业资源、油气资源、旅游资源等;广西壮族自治区通过北部湾经济区建设实施以北部湾沿岸为轴,推进区域海洋经济的发展,以海洋资源为重点开发对象,推动海洋产业发展。

(3)自然资源导向型网络发展模式。

网络型发展模式由节点和互相交叉的轴线共同构成,是多条点轴的复合体,节点是区域内部的各级中心城市,发挥着不同层次的增长极作用,轴线由自然轴线或人文轴线构成,相对于点域和点轴发展模式,网络型发展模式更能满足区域平衡发展的要求,同时网络型发展模式要求具备一定的条件,如区域面积较大、区域内存在三个以上具有较强扩散效应的增长极和两条以上的发展轴。

采用自然资源导向型网络发展模式的地区包括:山东省通过规划黄河三角洲高效生态经济区,阳光海岸带黄金旅游区,健康养殖带特色渔业区,沿莱州湾、胶州湾、荣成湾综合经济区,青岛、日照、烟台、威海临港经济区等几大海洋特色经济区形成海洋经济发展网络,借助海洋优势资源大力发展海洋渔业、船舶工业、海洋高新技术产业、石油和海洋化工、滨海旅游、海洋运输六大产业。江苏省采取"一带三圈八区"的空间布局策略:"一带"是根据沿沪宁线高新技术产业带、沿江基础产业带、沿东陇海线产业带,积极推进"沿海产业带"建设;"三圈"是因地制宜,发挥特色,建设东桥头堡经济圈、滩涂开发和新兴工业经济圈、江海联动经济圈;"八区"是自北向南依托港口建设,重点形成八大临港产业区,主要是对江苏省较为丰富的滩涂和近海等优势海洋资源的开发利用。

2.综合优势导向型发展模式

根据对我国区域海洋经济发展现状的分析,实施综合优势导向型发展模式的地区主要以海洋自然优势资源开发与区位优势或者制度创新相结合,来推动区域海洋经济发展,并在空间布局中选择不同的增长极驱动模式。

从各沿海地区来看,上海市海洋经济的发展采取的是海洋资源优势、区位优势、制度创新共同带动的发展模式,其主要特点是在突出上海市全国经济核心地位、长三角地区经济社会发展龙头以及国际经济发展中心的基础上，从较为开阔、国际化的视野和较高的立足点上全面发展海洋经济，并注重对区域海洋经济发展的制度创新，主要是对海洋经济市场运行机制的完善，通过建立上海市海洋经济发展联席会议制度，进一步加强政府宏观调控和部门协调与合作。

浙江省海洋经济发展模式主要强调在开发海洋优势资源的基础上，利用区位特点，依托上海经济核心地位，积极参与长三角的合作，推动海洋经济的发展。在其空间布局上也是通过主动接轨上海，确立沿海港口城市和中心大岛的中心城市地位，并以此布局轴线形成点轴型的发展模式。

福建省海洋经济发展模式则是在开发海洋优势资源的基础上，通过连接长江三角洲和珠江三角洲的经济发展，构建服务西部开发、中部崛起的新的对外开放综合通道和对平台建设，进一步发挥福建的区位优势，实现区域海洋经济的发展。在空间布局上则是以构建闽东海洋经济集聚区，闽江口海洋经济集聚区，湄洲湾、泉州湾海洋经济集聚区，厦门、漳州海洋经济集聚区的点域型发展模式带动区域内海洋经济的发展。

广东省海洋经济发展模式是在发挥海洋资源优势的基础上，突出广东省在泛珠三角地区经济合作中的核心地位的区域海洋经济发展模式。在区域空间布局上，广东省则采取区域海洋经济协调发展的政策，重点规划了珠三角、粤东和粤西三大海洋经济区。

海南省海洋经济发展模式与其他地区的增长极发展模式有所不同，采取的是结合本省自身区位特点，通过进一步融入东南亚地区经济体系，进一步融入华南经济圈，借助泛珠三角经济圈的建设，分工协作推进区域海洋经济的发展，并在制度上进行了创新，实施以“寓维权于开发”的海洋资源开发方式。在其空间布局上则是通过主要沿海城市的点域型发展，带动海洋经济的整体发展。

第五节　区域海洋经济协调发展分析

区域经济协调发展是指在区域开放条件下，区域之间经济联系日益密切、经济相互依赖程度日益加深、经济发展上关联互动和正向促进，各区域的经济均持续发展且区域经济差异趋于缩小的过程。区域海洋经济协调发展是海洋经济发展过程中区域联系与合作合理化的标志，是相关区域间经济、社会协调发展的过程。区域海洋经济协调发展不仅包括缩小不同沿海地区海洋经济发展的差距，也包括区域整体共同发展。促进区域海洋经济协调发展，有利于加强区域之间经济联系与合作，最终实现区域经济一体化格局。

一、区域经济协调发展的相关理论

区域经济协调发展理论主要包括劳动地域分工理论、区域经济系统协同理论、空间相互作用理论和交易成本理论等。

(一)劳动地域分工理论

劳动地域分工是以区域差异和社会生产力的发展为必要条件、以商品经济和区域利益要求为充分条件的劳动社会分工在地域上的表现。可见,劳动地域分工的推动力是社会生产力,其形成发展的前提是自然、经济和社会诸条件因素的地域差异,其主体内容是部门和空间结构,以及作为联系纽带的交通运输网络,其表现形式是经济区域和经济区域系统。大规模的社会劳动地域分工往往导致区域专门化的发展,形成一个国家或地区的产业结构、空间结构和经济特征,并由区域化逐步上升为国际化,进而扩展到全球范围,演化成国际分工、国际交换和国际协作。也就是说,区域生产专门化与区域之间的协作和联合并存。只有分工而没有协作和联合,必然形成相互分割的"小而全"或"大而全"的状态,经济主体的优势就极易被自身的弱点所抵消。现代经济发展实践表明,分工与协作的依赖与并存能够对各种资源要素和各个生产环节进行更合理的调度、组合和协调,从而能更充分地发挥区域内各种生产因素的独特作用,并产生一种超越于各单个区域的强大合力,推动区域经济系统的协调发展。

(二)区域经济系统协同理论

区域经济系统协同理论揭示了区域经济系统在运动中的经济联系和交换关系的变化规律。其基本含义是:在开放的区域经济系统中,区域之间总要发生一定的经济交换,从而使不同区域产生趋于某种协同的经济运动。德国理论物理学家哈肯(Harken)提出的著名的"协同学"原理认为,在一个大量子系统组成的开放系统中,由于子系统间相互作用和协作,能形成一定功能的自组织结构,从而能达到新的有序状态。"协同学"原理揭示了这样一个普遍的规律,即任何一种开放系统内部结构的变化,总是以与外部环境的能量和物质交换为条件的。区域经济系统内部结构的变化同外界环境的关系,也具有同样的规律。这是因为区域经济内部结构的变化,总是要打破其自身的封闭和孤立状态,同区域外发生广泛的经济交换关系。生产力发展的区位推移,商品经济的发展和价值规律的作用,将打破各种各样的地域界限、所有制关系和行政隶属关系,促进资源要素的地域流动,冲破"自给自足"的区域经济格局,扩大商品交换的规模,沟通广阔的市场,使区域之间在彼此的交往和联系中,建立起广泛的经济协作关系,并在协作过程中发挥区域优势,促进区域经济发展。

(三)空间相互作用理论

空间相互作用是指区域之间所发生的商品、人口与劳动力、资金、技术、信息等的相互传输过程。区域之间的相互作用主要通过物质、能量、信息等流动的方式实现。一方面,商品、人员、资金、技术、信息等生产要素的流动,能够促进区域之间的经济联系,拓展区域经济发展空间;另一方面,也会引起区域之间的竞争,有可能使区域的共同利益受损。空间相互作用的三个前提条件是区域之间的互补性、可达性和干扰机会。

区域之间的互补性。区域之间相互作用的前提是区域之间存在商品、劳动力、科技、信息等生产要素方面的互补性。只有区域相互之间具有这种生产要素的互补性,相互之间才可能通过生产要素的流动发生经济联系。一般来说,区域之间互补性越强,则相互作用越强。

区域之间的可达性。区域之间的互补性为区域之间的相互作用提供可能性,即区域之间可能存在商品、人员、信息的流动,而这一作用的实现还依赖于区域之间的可达性。可达性主要受以下因素的影响:

①空间距离和空间运输时间。区域之间的经济联系遵循距离衰减原则。区域之间的空间物理距离越远,运输时间越长,则经济联系越弱,可达性越弱,反之,则可达性越强。

②区域之间社会、文化、制度障碍。区域之间社会、文化、制度等差异,会导致区域内行政、市场等分割,限制经济要素的流动,使区域之间的可达性较弱。

③区域之间交通联系。便捷、快速、高效的交通是区域间商品、物资、人员流动的基础。区域间交通设施越方便、越快捷,则区域之间的可达性越好。

干扰机会。一个区域可能与多个区域之间存在互补性,那么是与其中的哪一个或者是哪几个区域之间作用,主要取决于区域之间互补性的强度,互补性越强则之间发生相互作用的可能性越大。由于这种干扰机会的存在,具有互补性的两个区域之间也不一定发生相互作用。

总体来说,区域之间互补性越强,可达性越好,干扰机会越少,则相互作用越强,反之,则相互作用越弱。相互作用理论解释了区域之间发生相互作用的原因以及发生的条件。依据空间相互作用理论,相邻区域之间由于地域邻近、交通便利、社会与文化相通、经济联系紧密,因此相互之间的作用力强。

(四)交易成本理论

交易成本即交易费用,是现代产权经济学的一个核心概念。运用交易成本理论对区域经济合作进行理论分析具有积极的现实意义。该理论是劳动地域分工理论的延伸,以劳动地域分工理论为基础,运用经济学的分析方法,寻求合作中最节约的交易成本,推动国家间的经济合作。

每一个国家资源的相对稀缺性和国家的经济特性决定了国家间交易和交易成本的存在。在现实生活中,每一个国家拥有对资源的主权,国家拥有的自然资源和人口不同,发展程度不同,某一种资源的稀缺程度也不一样。正因为如此,国家间需要交易,即通过一种资源的权利换取另一种资源的权利,如一些国家的免税引资政策,实际上就是一种资源交换。每一个国家都会追求自己的最大利益,为了追求最大利益,政府需要决定和哪些国家进行交易,以什么条件进行交易。这种选择需要收集信息,进行调研,因此需要花费资源,这种花费就是一种交易成本。

二、区域海洋经济发展协调性实证分析

根据区域经济协调发展理论,区域海洋经济协调发展应具备四个方面的标志:

①区域之间海洋经济联系日益密切;

②区域分工趋向合理;

③区域海洋经济发展差距保持在一定的“度”内,且逐步缩小;

④区域海洋经济整体高效增长。以此为依据,可以确定区域海洋经济协调发展的评价指标、建立指标体系,并利用统计分析方法开展综合评价。

我们以北部海洋经济圈、东部海洋经济圈和南部海洋经济圈为研究对象,对三大海洋经济圈的海洋经济发展协调性进行实证分析。其中,北部海洋经济圈覆盖沿海的辽宁、河北、天津、山东三省一市,东部海洋经济圈覆盖江苏、上海、浙江、福建三省一市,南部海洋经济圈覆盖广东、广西、海南二省一区。在基础数据的选择上,由于不同年份的评价结果可能会有所不同,理论上应尽可能多地采用逐年数据进行综合比较分析,这样能使评价结果更加客观,也更加符合实际。但受统计资料的限制,在保证计算指标完整性的前提下,实证分析中只能选择2011年的统计数据。

(一)建立评价指标体系

1.确定评价指标

在设置和筛选指标时,必须坚持系统整体性、动态引导性、简明科学性、标准通用性和相对稳定性的原则。通常情况下,一套好的评价指标应具备7个条件:

——指标计算所需的数据是可以获得的;

——指标是易于理解的;

——指标是可以测量的;

——指标计算的内容是重要的和有意义的;

——指标描述的事件状态与其获取的时间间隔是短暂的;

——指标所依据的数据可以进行不同区域的比较;

——指标可以进行国际比较。

根据上述条件，确定从陆域经济环境差异、海洋经济发展差异、海洋经济联系状态、海洋产业结构差异、沿海基础设施差异、海洋科技差异、海洋资源差异、海洋环境差异八个方面选择相应的指标，对区域海洋经济协调发展进行综合评价。

(1)区域内陆域经济环境差异。

海陆经济相互联系且互为一体，发展良好的陆域经济可以为海洋经济提供好的发展环境和丰富的经济资源，促进海洋经济的发展。区域内不同地区陆域经济发展水平差异大，其对海洋经济的支持作用和影响效果的差异随之增大，因此会导致海洋经济发展的不协调。选用人均 GDP 的变异系数作为衡量陆域经济发展水平的差异，人均 GDP 的变异系数越大表示陆域经济发展水平差异越大，是负向指标；选用区位熵变异系数来衡量区域内海洋经济比较优势的差异，区位熵变异系数越大表示该区域内不同省市海洋经济的比较优势差异越大，区域海洋经济越不协调，是负向指标。

(2)区域内海洋经济发展差异。

区域海洋经济协调发展要求区域内各地区间的海洋经济发展差距必须保持在一定的“度”内，换言之，超过这个限度的区域海洋经济发展即为不协调状态。虽然区域海洋经济发展差距变化没有直接涉及社会协调问题，但经济系统与社会系统密不可分，这就从一定程度上说明确保区域海洋经济发展差距在一定的范围也同样有助于社会整体进步。在上述“度”的范围之内，区域海洋经济发展均是协调的，但仍然存在协调发展的差异。在其他条件一定的情况下，区域海洋经济发展差距越小，区域海洋经济协调发展程度越高。这里选用海洋生产总值(GOP)变异系数来衡量区域内海洋经济发展水平的差异，差异越大表示区域海洋经济协调度越低，是负向指标；采用海洋经济密度变异系数来衡量区域海洋经济强度的差异，差异越大表示区域海洋经济协调度越低，是负向指标；选用 GOP 增长率变异系数来衡量区域海洋经济发展速度的差异，差异越大表示区域海洋经济协调度越低，是负向指标。

(3)区域内海洋经济联系状态。

区域经济协调发展的必要和充分条件是区域内各地区之间必须存在经济联系。只有区域内各地区之间存在紧密的经济联系，相互之间才能形成依赖，进而才能形成经济发展上的关联互动。显然，如果区域内各地区之间没有经济联系，互不相干，也就不可能内生出协调发展的需求。区域内各地区之间的经济联系越紧密，相互依赖的程度就会越深，在经济发展上就越发“一损俱损，一荣俱荣”，因此，就越要求协调。这里选用 GOP 的 Moran's I 系数来衡量区域间的经济联系状态，系数越大表示区域内各地区间的经济联系越紧密，是正向指标。

(4)区域内海洋产业结构差异。

海洋产业结构在一定程度上能够反映区域海洋经济的分工情况，一般情况下，区域内产业结构差异越大，表示区域内各地区主要海洋产业差异越大，区域海洋经济的分工相对合理，这里选用产业结构相似系数变异系数来衡量海洋产业结构差异，选用产业结构变动度变异系数来衡量海洋产业结构变动程度差异，两者均为正向指标。

(5)区域内沿海基础设施差异。

沿海基础设施是海洋经济增长的必要前提，虽然良好的基础设施不一定能引起经济增长，但是没有基础设施的支持，很难取得区域经济的协调发展。因此，区域海洋经济的协调发展，必须建设好沿海基础设施。区域内沿海基础设施建设的差异越大，其海洋经济的发展基础差异越大，海洋经济的发展越不协调。这里以沿海港口来代表海洋经济基础设施，选用货运量、货物周转量、客运量、旅客周转量的变异系数来衡量基础设施建设的差异，变异系数越大表示基础设施差异越大，海洋经济越不协调，为负向指标。

(6)区域内海洋科技差异。

科学技术是经济增长的重要因素，科技进步能够提高其他生产要素的边际生产率，提高生产效率，优化产业结构，进而推动经济的发展。区域间海洋科技的差异会直接引起区域海洋经济增长的差异。这里选取海洋科技活动人员数量变异系数、海洋科技课题数量变异系数及海洋科技经费收入变异系数来衡量海洋科技差异，海洋科技差异越大，区域海洋经济发展越不协调，其相关指标均为负向指标。

(7)区域内海洋资源差异。

海洋资源对海洋经济发展具有不可替代的重要支撑作用，没有充足的海洋资源作为保障，海洋经济肯定难以持续健康发展。当海洋资源供给不足时，海洋资源承载力也会下降，从而限制海洋经济的进一步增长。因此，海洋资源的差异是导致海洋产业结构差异、引起海洋经济发展差异的重要因素。这里选用大陆岸线变异系数和海域面积变异系数来衡量海洋资源差异，可利用的海洋资源差异越大，区域海洋经济发展越不协调，两者均为负向指标。

(8)区域内海洋环境差异。

良好的海洋环境和较高的环境承载力能够为海洋经济提供更多的发展空间，是海洋经济发展的基础。因此，区域海洋环境的协调性是海洋经济协调发展的重要因素之一。这里选用一类海水海域面积占比变异系数和工业废水排放达标率变异系数作为海洋环境质量差异的衡量指标，海洋环境质量差异越大，区域海洋经济发展越不协调，两者均为负向指标。

2.建立评价指标体系

根据上述的指标分析结果,建立区域海洋经济协调发展评价指标体系(表3-1)。

表 3-1 区域海洋经济协调发展评价指标体系

评价方面	评价指标	指标类型
陆域经济环境差异(A_1)	人均 GDP 的变异系数(B_1) 区位熵变异系数(B_2)	负向
海洋经济发展差异(A_2)	COP 变异系数(B_3) 海洋经济密度变异系数(B_2) 海洋经济增长率变异系数(B_3)	
海洋经济联系状态(A_3)	GOP Moran's I 系数(B_6)	正向
海洋产业结构差异(A_4)	三次产业结构相似系数变异系数(B_7) 三次产业结构变动度变异系数(B_8)	
沿海基础设施差异(A_5)	港口货运量变异系数(B_9) 港口货物周转量变异系数(B_{10}) 港口客运量变异系数(B_{11}) 港口客运周转量变异系数(B_{12})	负向
海洋科技差异(A_6)	海洋科技活动人员数量变异系数(B_{13}) 海洋科技课题数变异系数(B_{14}) 海洋科技经费收入变异系数(B_{15})	
海洋资源差异(A_7)	大陆岸线长度变异系数(B_{16}) 管辖海域面积变异系数(B_{17})	
海洋环境差异(A_8)	一类海水面积占比变异系数(B_{18}) 工业废水排放达标率变异系数(B_{19})	

3.相关指标说明

对相关指标的定义或计算方法说明如下:

(1)变异系数。需根据原始统计数据计算。

(2)区位熵。指海洋经济的区位熵,用来衡量区域海洋经济的比较优势。

(3)海洋经济密度。指单位海岸线的海洋生产总值,即地区海洋生产总值除以相应海岸线长度。

(4)海洋经济增长速度。

(5)Moran's I系数。

(6)三次产业结构相似系数。指各地区三次产业结构与全国平均产业结构的相似系数。

(7)三次产业结构变动度。

(二)分析评价

在我国的三大海洋经济圈中,按照海洋经济发展协调度高低排列,分别是东部海洋经济圈、北部海洋经济圈和南部海洋经济圈,东部海洋经济圈海洋经济发展协调度最高。东部海洋经济圈陆域经济环境、海洋经济发展水平、海洋科技的差异最小,区域内经济联系状态、海洋资源和环境的协调性处于中等水平,但其产业结构及基础设施的差异相对较大,说明区域内各地区之间产业结构雷同现象比较突出,沿海港口建设缺乏统筹,即其区域内产业分工的合理性及港口布局的科学性有待进一步提高。北部海洋经济圈的区域内海洋经济联系最为紧密,区域总体海洋生产总值最高,但其陆域经济环境、海洋客运差异最大,说明区域内海陆经济一体化水平还不高,地区间某些海洋产业如海洋交通运输业存在不平衡发展状况,即陆域经济环境和海洋客运基础设施的协调性有待进一步改善。南部海洋经济圈海洋经济发展、基础设施、海洋环境协调性相对较高,但其区域海洋经济联系最弱、产业分工最不合理、科技差异最大,说明区域内各地区海洋经济发展速度都很快,海洋环境承载力在三大海洋经济圈中最高,但区域内各地区间海洋产业结构雷同的现象也最为突出,需要不断加强地区间海洋经济的联系程度和海洋产业分工的合理性,进一步提高海洋科技水平和协调性。

第四章
海洋资源及其开发

第一节　海洋资源的价值

一、海洋资源的界定

资源一般是指社会经济活动中人力、物力和财力的总和，是社会经济发展的基本物质条件。资源一般被解释为资财的来源。1972 年，联合国环境规划署把自然资源定义为在一定时间和技术条件下能够生产经济价值提高人类当前和未来福利的自然环境因素的总称。

海洋与海洋资源是联系在一起的，海洋主要是指海洋自然资源和海洋社会资源。海洋资源是泛指海洋空间中所存在的、在海洋自然力作用下形成并分布在海洋区域内的可供人类开发利用的自然资源。海洋资源存在狭义和广义两种内涵。狭义上的海洋资源，是指海水或海洋中各种物质资源的总称。广义上的海洋资源，是指能产生经济价值以提高当前和未来福利的海洋自然环境因素资源，海洋景观、海洋空间以及海洋旅游等也视为海洋资源。为了研究的专业性，我们在本书都采用狭义的海洋资源概念。

二、海洋资源的分类

海洋资源种类繁多，根据不同的划分依据，海洋资源的分类各不相同。有根据能否恢复进行划分的，有根据是否具有生命进行划分的，有根据来源进行划分的，有根据其自然本质属性进行划分的,有根据开发利用需求进行划分的,有根据空间视角进行划分的,还有根据其性质、特点及存在形态进行划分的。

我们将主要从海洋资源的性质、特点及存在形态对其进行种类划分。

(一)海洋生物资源

海洋生物资源是指有生命的、能自行增殖和不断更新的海洋资源。比较有代表性的分类方式是将海洋生物资源分为鱼类资源、软体动物资源、甲壳动物资源、哺乳类动物以及海洋植物。

海洋鱼类资源是海洋生物资源中最为重要的一类,约占海洋生物资源总捕获量的 88%;海洋软体动物资源是除鱼类以外最重要的海洋动物资源,约占海洋生物资源总捕获量的 7%;再就是海洋甲壳动物资源,约占海洋生物资源总捕获量的 5%;最后是海洋哺乳类动物及海洋植物,其占比最小,约占海洋生物资源总捕获量的 1%。

此外,还有一些比较常见的海洋生物资源分类。

许多海洋生物具有开发利用的价值,为人类提供了丰富的食物和其他多种用途的资源。世界水产品生产、消费和贸易将持续增长,但其增长率将在长时间内保持在低水平。到 2030 年,渔业和水产养殖总产量将增至 204 亿 t,较 2018 年增长 15%,水产品年人均消费量为 215 kg。水产养殖产量将继续增长,虽然增速会减缓,仍可填补水产品供需差。

(二)海洋矿产资源

海洋矿产资源包括海滨、浅海、深海、大洋盆地和洋中脊底部的各类矿产资源。一般而言,按产出区域可将海洋矿产资源分为:滨海砂矿、浅海矿产资源和深海矿产资源。

滨海砂矿具有分布广泛、矿种多、储量大、开放方便、投资小等特点。在海洋矿产资源的开发中,产值仅次于海底石油。据统计,世界上 96%的锆石、90%的金刚石、80%的独居石和 30%的钛铁矿都来自滨海砂矿,而且滨海砂矿用途很广,在冶金、农业、环保、通信、食品和建材等领域具有广阔的应用前景,因此滨海砂矿的开发与利用受到许多国家的重视。浅海矿产资源是指大陆架和部分大陆斜坡处的矿产资源,主要是石油与天然气和各类滨海砂矿,还包括极富发展前景的天然气水合物等,其中石油和天然气占首要地位,二者的价值占海洋矿产资源的 90%以上。已探明的海洋石油、天然气储量约占世界总储量的 1/4,几乎遍布全球各大陆和部分陆坡深水区。深海中蕴藏着丰富的海底矿产资源,它是支持人类生存的又一类重要资源。扩大人类生存空间和储备人类生存资源的重要途径之一就是要向深海拓展,发现包括海底矿产在内的深海资源,这对人类生存具有深远意义。

(三)海洋化学资源

海水是名副其实的液体矿藏,平均每立方千米的海水中有 3 570 万 t 的化学物质，目前世界上已知的100多种元素中，80%可以在海水中找到。据计算，平均每立方千米海水中含有3 500万t无机盐类物质，其中含量较高的有氯、钠、镁、硫、钙、钾、溴、碳、锶、硼等。它们大都以化合物状态存在，如氯化钠、氯化镁、硫酸钙等，其中氯化钠约占海洋盐类总量的80%。

海水是陆地淡水的来源和气候的调节器。全球海洋每年蒸发的淡水有450万km^3，其中90%通过降雨返回海洋，10%变为雨雪落在大地上，然后顺江河返回海洋。海水淡化技术正在发展成为产业。随着生态环境不断恶化，人类解决水荒的最后途径很可能是海水淡化。海水淡化的方法有几十种，最主要的有蒸馏法、电渗法、冷冻法、膜分离法等。蒸馏法是目前应用最多的方法，此方法是先把水加热、煮沸，使海水产生蒸气，再把蒸气冷凝下来变成蒸馏水。

从海水中除提取大量食盐和淡水外，还可提取和制造纯碱（碳酸钠）、烧碱（氢氧化钠）、盐酸、硫酸、氯、溴、硫酸镁、芒硝（硫酸钠）、卤块（氯化镁）、硫酸碱、硫代硫酸钠、氢氧化镁、碳酸镁、氯化钙、氧化钾等化工原料，提取并制造钾镁肥、钠镁肥、硫酸钾、氯化钾、氯化铵、氢镁肥、钙镁磷肥等农业肥料，提取和制造氧化镁、镁砖等耐火材料，提取和制造石膏（硫酸钙）、镁水泥、人造大理石等建筑材料，还可提取镁、钠、钾等以及铀、钍、锶、重水等稀有物质。此外，20世纪60年代以来，随着科学技术的进步，海洋天然有机物质的研究和利用（如从海洋动植物中提取天然有机生理活性物质），也得到了迅速发展。

（四）海洋能源资源

海水运动永不休止，拥有用之不竭的动力资源。海洋动力资源主要有：潮汐发电、波浪发电、温差发电、海流发电、海水浓度差发电以及海水压力差的能量利用等，通称为海洋能源。这些能量是蕴藏于海洋中的可再生能源，人们可以把这些海洋能以各种手段转换成电能、机械能或其他形式的能。海洋能绝大部分来源于太阳辐射能，较小部分来源于天体与地球相对运动中的万有引力。蕴藏于海水中的海洋能是巨大的，据估计有750亿kW，其中波浪能700亿kW，温度差能20亿kW，海流能10亿kW，盐度差能10亿kW。其理论储量是目前全世界各国每年耗能的几百倍甚至几千倍。

中国沿海和近海的海洋能蕴藏量估计为10.4亿kW，理论估计有1.9亿kW潮汐能，1.5亿kW波浪能，5.0亿kW温差能，1.0亿kW海流能，1.0亿kW盐差能。其中，潮汐能可开发利用的装机容量有2 000万kW，波浪能可开发利用装机容量有3 000万~3 500万kW。丰富的海洋动力资源可作为沿海和岛屿的重要补充能源。沿海各国尤其是美国、俄罗斯、日本、法国等国都非常重视海洋能的开发。从各国的情况来看，目前潮汐发电技术比较成熟，而利用波能、盐度差能、温度差能等海洋能进行发电还不成熟,目前仍处于研究试验阶段。从发展趋势来看,海洋能必将成为沿海国家,特别是那些发达的沿海国家的重要能源之一。

(五)海洋空间资源

随着世界人口的不断增长,陆地可开发利用空间越来越狭小。海洋不仅拥有辽阔的海面,还拥有无比深厚的海底和潜力巨大的海中。由海上、海中、海底组成的海洋空间资源将带给人类生存发展的新希望。传统意义上的海洋空间资源,仅包括海洋港口与海洋运输。新型海洋空间资源包括海上桥梁、海底隧道、人工岛、海洋机场、海上工厂、海上城市、海洋军事基地、海洋旅游等。

海上桥梁是利用海洋空间的一种方式,其功能一般是连接海峡或陆地与岛屿之间的交通,为沿海地区的经济发挥作用,比如美国麦基纳克海峡大桥、加利福尼亚金门桥,日本明石海峡大桥,伊斯坦布尔的博斯普鲁斯大桥等。海底隧道一般建于海峡、海湾之间。海底隧道与轮渡相比运输速度更快且不受天气影响,甚至在某些地形地貌条件下,隧道造价比桥梁更加便宜。比较有代表性的是青岛跨海隧道、日本青函隧道、英吉利海峡海底隧道。人工岛,是指在海中填砂石、泥土、废料等建成的岛屿,岛屿与海岸用堤坝或栈桥相连,是缓解沿海发达城市发展难题的途径之一。迪拜的棕榈岛,就是比较著名的人工岛。人工岛、海上城市、海上机场,都是人们为了居住、生活、娱乐和工商业活动而建筑的大面积的海上设施。人工岛一般是预先修建周围护岸,再以砂石、垃圾填筑而成。海上城市,则是在人工岛的基础上建筑城市。此外,现代的海底军事基地,一般指建于海底的导弹和卫星发射基地、反潜基地、作战指挥中心和水下武器试验场等。

合理开发利用海洋空间资源,对缓解陆域资源和环境压力,推动经济可持续发展,促进和谐社会建设具有重要意义。

(六)海洋旅游资源

海洋旅游是在一定社会经济条件下,依托海洋自然环境和人文环境,以保护海洋生态环境为原则,以满足人们精神和物质需求为目的开展的海洋游览、娱乐、度假、体育、教育、探险等活动所产生的现象和关系的总和。而海洋旅游资源是指凡是和海洋有关的、能对旅游者产生吸引力、可以为旅游业开发利用并可产生经济效益、社会效益和环境效益的各种自然、人文事物及现象的总和。

海洋旅游业是方兴未艾的朝阳产业,各国都很重视海洋旅游资源的开发。近年中国海洋旅游业突飞猛进,渤海沿岸的秦皇岛,黄海沿岸的大连、烟台、青岛和连云港,东海沿岸的普陀和厦门,南海沿岸的深圳、北海和三亚等重点开发的滨海旅游区有较高知名度。

三、海洋资源的价值构成

王森、刘晓洁、段志霞等认为,海洋生态资源由三部分构成,即现实使用价值、选择价值和存在价值。海洋生态资源的总价值应为:海洋生态资源的总价值(tv)= 直接使用价值(duv)+间接使用价值(iuv)+选择价值(OV)+存在价值(ev)。

韩秋影、黄小平和施平等认为,海洋资源的价值分为内在价值和外在价值。海洋资源的内在价值即它自身的生存和发展;海洋资源的外在价值是从人和其他生命的角度出发,强调它对人和其他生命的效用。海洋资源价值还可以分为直接使用价值、间接使用价值、选择价值、遗传价值和存在价值。遗传价值是指人们愿意支付一定的货币,以便把海洋资源作为遗产留给子孙后代享用。

我们认为,海洋资源的价值由社会价值、经济价值、生态价值和国家价值构成。

(一)海洋资源的社会价值

海洋资源可作为食品和药品存在,成为日常生活中常见的菜肴,并对防治疾病起到有益作用。海洋中的鱼、虾、蟹、贝类均是很多人喜食的佳肴,是人类所需蛋白质的重要来源;珍珠贝还可生产光彩夺目的珍珠;鱼皮、鱼胶可以制革、制胶,鱼的脂肪可提炼高级工业油,鱼的肝脏可作鱼肝油,鱼鳔可作外科缝合线;大型海藻如海带、裙带菜、紫菜既可食用,又可做工业、医药原料;石花菜、江篱可制琼胶;还有各种各样的海藻可作饲料、肥料和现代能源。不少海洋生物资源更具有多种用途,如鲟鱼,除是味鲜美、富营养的佳肴外,其皮可以制革,鳍可制鱼翅,鳔含有高级胶质,可配制上等漆料,并可入药,脊索可制胶;牡蛎除可食用的软体具有广泛营养和药用价值外,牡蛎壳也含有丰富的元素,可做多种药用。

(二)海洋资源的经济价值

一方面,海洋资源促进国民经济特别是海洋经济的发展。各种各类的海洋资源可以从不同方向加以开发利用,这使得海洋资源对海洋经济的支撑具备综合性。海洋水体的连续性和贯通性,使各个海域联系在一起,各国之间的海洋资源开发利用具有相互相关性,也使得海洋经济开放特征更加明显。据不完全统计,海底蕴藏的油气资源储量约占全球油气储量的 1/30,最近的勘探研究统计结果表明,世界海洋石油总储量达 $1\,450\times10^{8}$ t,天然气约 45×10^{12} m^{3},海底油气开发将从浅海大陆架延伸到千米水深的海区。目前海洋油气年产量已超过 13×10^{8} t,占世界油气总产量的 40%,海洋油气的产值已占整个海洋产业的 60%以上。

另一方面,海洋资源有助于改善经济增长方式,有助于优化经济结构。海洋资源对经济结构优化起作用的根源在于海洋经济的特性。海洋经济具有开放性特征,对外开放首当其冲的是商品(主要是工业产品)和劳务,主要带动第二产业及第三产业发展。同时,海洋经济发展是以科技创新为主动力的,科技创新带来的不仅是经济增长质量与效益的提升,也将促使三次产业结构的显著调整。因此深化开发海洋资源,充分挖掘海洋资源内在价值,对于一个地区经济结构的优化升级是很有帮助的。

(三)海洋资源的生态价值

清洁能源是指一种不排放污染物的能源,包括核能和可再生能源。可再生能源又包括水能、氢能、风能、太阳能、生物能、地热能和海潮能等。其中水能和海潮能属于海洋能源资源。可再生资源不存在资源枯竭,受到许多国家的重视,尤其是能源短缺的国家。

水能是一种可再生能源,是清洁能源,是指水体的动能、势能和压力能等能量资源。广义的水能资源包括河流水能、潮汐水能、波浪能、海流能等能量资源;狭义的水能资源指河流的水能资源,是常规能源,一次能源。水不仅可以直接被人类利用,它还是能量的载体。太阳能驱动地球上水的循环,使之持续进行。地表水的流动是重要的一环,在落差大、流量大的地区,水能资源丰富。随着矿物燃料的日渐减少,水能是非常重要且前景广阔的替代资源。目前世界上水力发电还处于起步阶段。河流、潮汐、波浪以及涌浪等水运动均可以用来发电。

海洋的潮汐中蕴藏着巨大的能量。在涨潮的过程中,汹涌而来的海水具有很大的动能,而随着海水水位的升高,就把海水的巨大动能转化为势能;在落潮的过程中,海水奔腾而去,水位逐渐降低,势能又转化为动能。潮汐能的利用方式主要是发电。潮汐发电是利用海湾、河口等有利地形,建筑水堤,形成水库,以便于大量蓄积海水,并在坝中或坝旁建造水力发电厂房,通过水轮发电机组进行发电。发展像潮汐能这样的新能源,可以间接使大气中的 CO_2 含量的增加速度减慢。潮汐作为一种自然现象,为人类的航海、捕捞和晒盐提供了方便,更重要的是它还可以转变成电能,给人带来光明和动力。

还有一种新型海洋能源矿产——天然气水合物。天然气水合物是由水分子和以甲烷为主的气体分子组成的似冰状结晶化合物,形成于具有特定低温—高压条件的自然环境中,广泛分布于深水海底(大于 300 m)和陆地永冻带,其外貌极像冰雪或固体酒精,点火即可燃烧,因此有人称其为“可燃冰”“气冰”“固体瓦斯”等。天然气水合物能量密度很高,燃烧产生的能量比同等条件下的煤、石油、天然气产生的能量多得多。天然气水合物是迄今所知的最具价值的海底能源矿产资源,已引起许多国家及科学家的高度关注和重视。同时,天然气水合物在燃烧以后几乎不产生任何残渣或废弃物,污染比煤、石油、天然气等要小得多,其巨大的资源量和环保使它很有可能在 21 世纪成为煤、石油和天然气的替代能源。

(四)海洋资源的国家价值

开发海洋资源有助于提高产业集聚效应。以港口资源为例,临港产业是对港口资源开发利用最深,对港口资源依赖度最高的产业。临港产业具有“两点成一线,两线成一面”几何式的辐射带动的特点,首先往往以一个或几个主导产业为支撑形成点状分布,继而形成由点到线、由线到面的块状产业经济,再通过向腹地辐射和扩散,延伸和拉长产业链,催生新的“点、线、面”的产业体系,最终带动整个区域经济的快速发展。

开发海洋资源有助于深化对外合作交流。由于沿海港口地处海洋与内陆的交换界面上,物资和信息交换往往是最密集的。改革开放以来,中国沿海地区迅速成为国内经济最发达的地区,沿海港口与岸线资源在其中发挥了关键性作用。到目前为止,港口经济的全局性效应已经初步显现——中国沿海港口货物运输有力地保障了中国对外开放局面的全面形成和对外贸易的快速增长。

开发海洋资源有助于保障国家资源安全。在国际竞争日益加剧的情况下,国家经济安全问题日益引起社会各界的关注。中国资源利用上存在一个很大的潜在风险,那就是关键性资源对进口的依存度比较高。以石油为例,中国目前石油供需形势严峻,需求增长过快,对外依存度较高。根据国际能源机构的测算,1997 年中国石油对外依存度为 22.3%,2015 年中国石油 50%以上依赖进口。一般认为,若中国未来经济增长维持在 7%以上,原油需求则至少以 4%左右的速度增加。要增强国家经济增长的主动性,就必须建立战略物资储备制度。目前,战略物资储备对于海洋资源的要求是比较高的,既要有良好的港口资源方便运输和配送,又要有海岛等地理上相对隔绝的区域;既要有大量的堆场,又要有相应的加工处理能力,而中国拥有广阔海域,拥有优良的深水岸线和众多的海岛,具有巨大的潜在资源优势。

第二节　海洋资源开发的现状

改革开放前中国海洋产业发展缓慢,改革开放后海洋经济发展上了一个新台阶。20 世纪 90 年代后海洋经济发展速度迅猛。

一、海洋资源开发势头迅猛,海洋经济总产值快速增长

2020 年国际环境复杂多变,新冠疫情蔓延,面对环境的不确定性,中国政府果断采取系列措施,团结全国各族人民,众志成城,齐心抗“疫”。新冠疫情阻击战取得重大胜利,国民经济增长迅速转负为正,海洋经济逐渐复苏,海洋产业转型升级继续

推进,现代海洋产业持续发展,海洋对外贸易发展总体向好。2021 年为“十四五”规划开局之年,在宏观经济总体平稳、政策环境持续优化、海洋资源蕴藏丰富、科技环境显著改善的背景下,海洋经济延续恢复性增长形势明朗。可以预见,未来海洋经济的发展必将坚定不移地贯彻新发展理念,以科技创新为主要手段,朝着海洋产业高端化、集群化、国际化、信息化与智能化发展,海洋经济、海洋社会、海洋资源、海洋环境以及海洋科技将协同进步,从而全面推进海洋经济高质量发展,加快建设海洋强国速度。

2020 年,突如其来的新冠疫情扰乱了正常的经济运行步伐,加剧了国际环境的动荡,是中华人民共和国历史乃至世界历史上极不平凡的一年。但在以习近平同志为核心的党中央领导下,中国宏观经济增速实现 V 形反转,海洋经济向强发展的基本面仍没有改变。依靠丰富的海洋资源储备,中国政府极力为海洋经济发展构建良好的政策环境,并持续提升现有海洋科技水平,促进中国由海洋大国向海洋强国迈进。

二、区域海洋经济迅速发展

根据我国区域发展总体布局,加上“一带一路”倡议、长江经济带、粤港澳大湾区协调发展等重大战略的实施,我国沿海城市的北部、东部、南部三大经济圈格局已基本形成。

北部海洋经济圈由辽宁、天津、河北、山东等省(市)的沿海地区及相关海域组成。该区域聚集了国内顶尖的海洋科研、教育机构,如中国海洋大学(青岛)、中国科学院海洋研究所(青岛)自然资源部海洋第一研究所(青岛)、大连海事大学、大连海洋大学等,科技实力雄厚。另外,该区域的海洋养殖业在全国处于领先地位,辽宁、山东的海参、扇贝养殖业十分发达,成为当地经济的重要支柱。北部海洋经济圈东邻日韩,除建设国家级海洋牧场示范区外,加强东亚-东北亚国际合作也是其重要的发展方向。另外,大规模的工业用海水淡化工程也是北部海洋经济圈未来的重要发展方向之一。

东部海洋经济圈由江苏、浙江、上海的沿海地区与海域组成。该区域经济发达,对外贸易量大,航运业发达,具备洋山深水港这样的国际化深水港和完备的航运体系,拥有高度的自动化设备和强大的吞吐能力。另外,此区域同样拥有较强的科研、教育基础,如自然资源部海洋第二研究所(杭州)、河海大学(南京)、上海海洋大学、上海海事大学、浙江海洋大学(舟山)等大量的科研院所和高校均在此区域。该区域沿海城市发展相对均衡,其经济发展水平均处于国内领先地位,同时也是我国参与经济全球化的重要区域。从经济实力来看,江苏仅次于广东,是我国经济实力第二强省。但江苏并不特别重视沿海地区的发展,以至于江苏的沿海城市知名度还不如苏州、常州、无锡等内陆城市。

南部海洋经济圈由福建、广东、海南、广西的沿海地区及海域组成。由于近年来南海问题的紧张态势,该区域的战略地位非常重要。该区域海域非常辽阔,资源也十分丰富,是我国维护国家海洋权益、推动落实“一带一路”倡议的重要门户。南部海洋经济圈的实力很雄厚,但是发展水平非常不均衡。广州与深圳实力强,其经济实力领跑全国,珠海、东莞、中山等城市也十分富裕,但是茂名、湛江等广东西部城市,以及广西、海南等的沿海城市相对比较落后,基本都处于三四线城市之列,且发展差距还在不断拉大,资源也不断被虹吸到珠三角的几个核心城市。

第三节　海洋资源开发的困境

一、缺乏总体规划和综合管理政策

中华人民共和国成立以来,中共中央十分重视海洋事业,高度关注海洋资源的开发利用,先后制定和颁布《全国海洋功能区划》等一系列海洋资源开发规划。中共十六大提出了“实施海洋开发”战略方针,2003 年 5 月,国务院发布《全国海洋经济发展规划纲要》第一次明确提出“逐步把中国建设成为海洋强国”的目标,将海洋经济视为中国经济布局的重要组成部分。多年来,党和国家领导层不断重视和强化海洋资源的战略地位与作用。

但从整体上看,其他海洋大国制定和颁布的海洋政策法规根据时势变化提出或调整本国的海洋事业发展,但中国缺乏从整体上对海洋工作进行统筹规划的能力,没有形成统一、完整、清晰的可指导海洋事业各方面协调发展的国家海洋总体政策。

二、海洋资源管理立法缺乏系统性,综合执法力度不够

海洋资源管理的法制建设对海洋资源管理具有重要作用,它是保证海洋资源管理体系形成、巩固和完善的条件,也是保证有效开发利用海洋资源、保护海洋生态环境和提高海洋综合效益的保障条件。

中国的海洋立法尤其是专项海洋法规取得了不少成就。先后制定了一系列有关海洋资源保护的法律,主要包括《中华人民共和国海域使用管理法》(2002 年 1 月 1 日实施)、《中华人民共和国渔业法》(1986 年 7 月 1 日实施,2000 年、2004 年两次修订)、《中华人民共和国土地管理法》(1987 年 1 月 1 日实施,1988 年、2004 年两次

修订)、《中华人民共和国矿产资源法》(1986 年 10 月 1 日实施,1996 年修订)和《中华人民共和国环境保护法》(1989 年 12 月 26 日实施,2014 年修订)等。一方面,这些法律法规并未形成完整、系统的海洋资源管理法律体系,而且绝大多数是单项法规,基本上是陆上法规向海上的延伸,没有真正起到依法治海的作用。另一方面,条块分割的海上执法管理体制导致各部门各自为战,海上执法力量不足。

三、海洋综合管理体系设计欠科学,多部门管理的职能职责需整合

长期以来,中国海洋管理主要由政府多个部门同时行政管理,缺乏强有力的综合管理部门,实践中对海洋资源综合管理的协调难度很大,导致各管理部门以局部利益为中心。当资源开发和管理法规发生矛盾时,往往以牺牲资源管理来服从资源开发,不能充分发挥管理部门职能,严重影响资源管理工作正常有效地开展,甚至造成对海洋资源管理失控。针对目前海洋资源行政管理体制存在的交叉和空白,亟须研究完善科学合理的海洋资源管理体系。

近年来,通过改革不断加强对海洋资源所有权管理,海洋资源资产观念在社会上得到强化。但与现代海洋发展趋势和市场经济需要相比,海洋资源开发管理体系、机制仍不健全,致使海洋资源开发利用过程中遭受严重破坏和浪费,整体经济效益低下。中国海洋资源开发管理工作长期采取传统体制下各部门行业分散的计划性开发与管理。这是传统陆地式资源开发与管理方式的延伸,随着海洋经济的发展,这种开发管理模式越来越显得不协调,各行业、各地区自成体系,导致了各自为政、各兴其业的复杂局面,没有形成聚集规模效益,影响了资源的整体开发与高效利用。

四、海洋产业规模小,海洋科技总体水平低

受长期计划经济、"重陆轻海"政策影响,中国海洋产业规模较小。海洋产业结构性矛盾突出,新兴海洋产业群尚未形成规模,传统海洋产业仍处在粗放型发展阶段。加上海洋科技储备不足,未形成规模优势,资源浪费严重,海洋资源开发利用率较低,海洋经济总体发展不能满足经济社会发展需要。

五、海洋环境状况整体稳定,质量仍待提升

2020 年我国海洋生态环境状况整体稳定。海水环境质量总体有所改善,典型海洋生态系统健康状况总体保持稳定,入海河流水质状况总体为轻度污染,海洋渔业水域环境质量良好。

海水环境质量总体有所改善。2020 年,我国管辖海域海水环境维持在较好水

平，夏季一类水质海域面积占管辖海域的96.8%，同比基本持平。全国近岸海域优良水质面积比例平均为77.4%，同比上升0.8个百分点。“十三五”期间，管辖海域水质呈改善趋势。

海洋沉积物综合质量保持稳定。2020年，我国管辖海域海洋沉积物综合质量等级为良好，监测点位良好比例达到96.5%。“十三五”期间，我国管辖海域沉积物质量保持在良好水平。

典型海洋生态系统健康状况总体保持稳定。实施监测的24个典型海洋生态系统中，23个处于健康或亚健康状态，1个呈不健康状态。其中，红树林、珊瑚礁和北海海草床生态系统均处于健康状态，红树、活珊瑚和海草盖度有所增加。

入海河流水质“消劣”已见成效。193个入海河流国控断面总体为轻度污染，劣Ⅴ类水质断面比例为0.5%，同比下降3.7个百分点。

直排海污染源入海量有所降低。442个日排污水量大于100 m^3的直排海污染源污水排放总量约为712 993万t，化学需氧量等主要污染物排放量有所下降。

海洋功能区环境满足使用要求。海洋倾倒区、海洋油气区及邻近海域环境质量基本符合海洋功能区环境保护要求。海洋重要渔业资源的产卵场、索饵场、洄游通道及水生生物自然保护区水体中，化学需氧量超标面积比例同比减少。海洋重要渔业水域沉积物质量状况良好。

赤潮、绿潮灾害面积大幅减少。我国海域赤潮发现次数和累计面积均较上年有所下降。与近5年均值相比，2020年黄海浒苔绿潮最大覆盖面积下降54.9%。

六、海洋油气资源开发滞后，外部环境日益复杂

能源是人类赖以生存和发展的前提，后备能源与国家经济安全紧密相关。近10年来中国探明的油气储量逐年下降，原油产量增长缓慢，每年新增探明可采储量无法弥补同期产量，能源短缺在很大程度上成为影响中国经济发展的主要瓶颈。

20世纪80年代以来，世界石油和天然气探明储量、年产量稳步增长，其增长量的70%主要来自海洋油气。中国海域具有较丰富的油气资源，据估算中国石油和天然气的资源量分别为240亿t和14万亿m^3，但海上油气资源勘探的后备基地严重不足，海上油气产量在21世纪初出现下滑趋势。与发达国家相比，中国海洋油气资源勘探和开发较晚，资金投入不足，海域油气勘探程度和油气资源探明程度较低，尚有许多新领域没有突破。此外，中国海洋油气储量丰富的海域，多在有“争议”的东海和南海，约占中国油气总资源量的1/3。这两个海域自古以来就是中国领土。油气资源的发现与价值让周边国家捷足先登，中国海域油气资源被周边国家大量采掘，使上述传统海域成为目前有“争议”区域。随着美日联合对华实施“亚太再平衡

战略”,中国上述传统海域油气资源开发局势更趋复杂,海洋权益损害严重。

随着21世纪全球经济政治发展,尤其是海洋安全的不确定因素增加,我们要高度重视中国海洋资源开发与管理中存在的问题,充分吸收国外先进的开发与管理经验,立足中国国情,合理开发利用、科学管理海洋资源,制定科学的、面向全球的海洋发展战略,才能真正实现“一带一路”建设构想和宏伟的中国梦。

七、海洋资源开发能力不足,整体科技水平落后

经过几十年的努力,中国海洋油气开发能力有了质的飞跃。但与发达国家相比,目前探采技术整体依然落后,海洋油气的勘查与开采能力不足。近年中国近海原油探明率不足20%,天然气探明率不足10%。70%的油气储量位于深水海域,渤海、东海、南海北部三大石油勘探区勘探难度越来越大,资源规模变小、类型变差、隐蔽性变强。近年尚未有重大发现,勘探局面尚未打破,主攻方向尚不明确,天然气勘探仍立足近海浅水区。

在深海工程装备及关键技术方面,中国近年有突破性进展。如海洋油气的勘察、物探、钻井、起重、铺管等系列深水工程装备,“海洋石油981”第六代深水半潜式平台,第一艘深水工程船舶等居全球领先水平。但从总体上看,仍不能满足国内海洋油气资源开发需要,装备与技术水平差距大。在全球海洋工程装备制造业中,中国产品大多在中低端。在海洋工程装备产业结构中,海洋钻井平台及各种特殊船舶等高端产品研发、设计、工程总包、关键配套系统和设备基本由欧美垄断,韩国、新加坡在海洋油气钻井平台总装建造领域居第二阵营。如何突破深海油气勘探开发的技术与设备制约,是中国海洋油气产业面临的主要挑战。

第四节　中国全球海洋资源开发的总体思路

一、树立科学发展观,强化全球海洋战略意识

21世纪是海洋开发与保护的世纪,海洋与陆地同样是人类生命支持系统。按照中国人口占全球总人口比例,中国在未来分享的全球海洋资源应该更多,主要是大陆架、外大陆架、公海、国际海底、南北极等“人类共同继承财产”。中国应该积极分享全球海洋生物资源、水体资源、海洋油气资源、海底矿产资源、海洋港泊资源、战略通道资源、海滨旅游资源等。

21世纪海洋战略将成为决定中国全球经济实力、政治地位的极其重要的因素。

中国是海洋大国,但海洋产业起步晚,基础相对较弱,海洋开发总体水平低。更为可怕的是,国人没有真正意识到的、严重制约海洋资源开发的、滞后于现代海洋发展的意识、观念、体制、机制。由于我们以往对国土的理解仅限于以陆域为主的概念上,对海洋国土知识学习、普及不够,在很大程度上制约了海洋国土资源开发利用的广度和深度。

1994 年 3 月,中国颁布的《中国海洋 21 世纪议程》,把海洋资源可持续开发与保护作为行动方案之一,旗帜鲜明地捍卫国家海洋权益,为海洋资源开发利用提供安全保证。在海洋资源开发利用上,中国政府历来从维护地区稳定的愿景出发,奉行"主权归我、搁置争议、共同开发"的和平政策。但随着国际局势变化,周边国家纷纷染指中国海洋资源,中国政府必须给予强有力的回击。

树立海洋科学发展观,就是要牢固确立海洋对人类发展起重要基础作用的意识和观念,增强开发与保护全球海洋资源的意识。不仅要保持中国海洋生态系统的正常运转,而且要积极分享全球海洋资源,参与保证全球海洋资源可持续发展战略的实施。加强对国人的全球海洋观宣传教育,让每个中国人懂得保护全球海洋资源、海洋环境、分享全球海洋资源的重要意义。运用先进宣传手段、媒介,连续不断、高强度地向国人普及海洋知识、技能,让每个国人牢固树立现代海洋意识。把建设海洋强国、保证海洋安全、建设21 世纪海上丝绸之路等现代理念,作为中华民族实现中国梦的战略目标。

从全球海洋战略高度、充分认识海洋国土资源的重要性和必要性,树立正确的海洋国土观、海洋经济观、海洋政治观和海洋防卫观,强化海洋国土意识。要加强对国人的海洋国土观教育,增强国人对"海洋国土"的忧患意识,合理开发利用全球海洋资源,把海洋资源与陆地资源、海洋产业与其他产业有机联系起来,实施海陆一体化统筹,促进海洋资源科学利用与综合管理。

二、实行海洋资源开发与保护并举,大力加强海洋环境保护

随着沿海地区经济的快速发展和海洋资源开发力度的加大,中国对海洋环境保护的压力将会越来越大。在大力开发利用海洋资源的同时,必须重视海洋环境保护,促进海洋资源开发利用可持续发展。在开发保护海洋资源方面,主管部门要通过海洋资源的价值核算和评价对海洋资源实行有偿使用,利用价格体系调节海洋资源供求关系,保证海洋资源可持续利用。

在保护海洋环境方面,集中控制陆地上污染物的排放,强化盐田、海水养殖池废水、石油开采、拆船和海洋运输过程中废物排放管理,维护海洋生态平衡和资源长期利用。逐步实施重点海域污染物排海总量控制制度。改善近岸海域环境质量,重点

治理和保护河口、海湾和城市附近海域,继续保持未污染海域环境质量。加强入海江河的水环境治理,减少入海污染物。加快沿海大中城市、江河沿岸城市生活污水、垃圾处理和工业废水处理设施建设,提高污水处理率、垃圾处理率和脱磷、脱氮效率。限期整治和关闭污染严重的入海排污口、废物倾倒区。妥善处理生活垃圾和工业废渣,严格限制重金属、有毒物质和难降解污染物排放。临海企业要逐步推行全过程清洁生产。加强海上污染源管理,提高船舶和港口防污设备的配备率,达标排放。海上石油生产及运输设施要配备防油污设备和器材,减少突发性污染事故。实行谁污染谁治理的环境问责制度,优化海洋环境保护的法治化进程。

海洋资源的开发利用相对陆地资源而言,难度和风险更大,综合性更强,对科学技术的依赖性也会更大。海洋资源从调查、观测、勘探、开发利用到管理的各阶段都是科学技术运行过程的结果。要不断采用先进的科学技术,实施科技创新,提高海洋资源开发与管理的总体技术水平,达到规模效益。

三、运用高新技术改造海洋传统产业,调整优化海洋产业结构

海洋经济各产业的构成及其比例需要优化升级。海洋产业结构不仅指海洋第一产业、第二产业、第三产业之间的结构,也指海洋生产资料生产、生活资料生产两大部类的结构以及海洋农业、轻工业和重工业之间的结构。依靠海洋科学技术的进步和海洋人力资源素质的提升,增加海洋开发的资金投入,促使海洋产业结构日趋合理。中国的海洋产业结构一直以第一产业为主,因此应根据中国海洋资源与环境的特点,调整海洋产业结构,逐步降低第一产业在海洋经济中的比重,提高第二、第三产业的比重,重点发展油气开采、海滨旅游、水产养殖、远洋交通运输;积极发展观测服务、海洋药物、海水资源利用;努力开展海底采矿、海洋能利用,提高第二产业在海洋产业中的比重。海洋产业的效益应从经济、社会、环境三个方面综合考虑。因此,要重视海洋资源的综合利用,以高新技术改造海洋传统产业,推动海洋产业经济结构的调整与产业升级,促进新兴产业发展。

在中国现有海洋产业中,海洋捕捞业、海洋交通运输业和海盐及海洋化工业等传统产业发展早,聚集的劳动人口多。传统产业存在生产技术落后、低水平盲目发展、资源利用效率低、环境被破坏等问题。因此,调整传统产业结构,改造落后的海洋产业产品,培植发展海洋油气业、海洋医药、海洋旅游业等新兴产业,成了海洋开发的重要政策命题。与此同时,还应注重优化海洋资源配置,培育可以深化海洋资源综合利用的高新技术产业,促进深海采矿、海水综合利用、海洋能发电等潜在优势海洋产业成长。

四、依法开发管理海洋资源，优化海洋资源开发与管理的法治化机制

实施海洋开发战略，必须合理利用与保护海洋资源。适应海洋经济快速发展，必须健全海洋资源开发与利用的法律法规体系，不断优化海洋资源开发与管理的法治化机制。

首先，中国应避免不同法律法规间内容的重叠交叉，加快中国海洋法规与国际海洋法规接轨，扩大海洋立法方面的国际合作与交流，积极向日本、美国等国学习，尽快系统地完善中国的海洋法律体系建设。研究和制定有关利用大陆架、外大陆架、公海、国际海底、南北极等“人类共同继承财产”，并与国际法连接的法规政策。

其次，在现有涉海法规的基础上加大立法力度，规划海洋资源立法体制，协调海洋资源有关职能部门，理顺海洋各行业主管部门与国家海洋管理部门之间的关系，协调各法律法规之间的关系。

再次，要加紧对中国海洋资源甚至对全球海洋资源利用的总体规划。从国家层面上统一政策，整合现有海洋战略、规划，形成统一清晰完整的国家海洋总体规划、方针政策。根据不同海域自然条件不同，在实施国家海洋总体规划的基础上因地制宜地进行功能区划和开发规划，合理开发利用海洋资源，形成合理的海洋产业布局。

最后，要加强海上综合执法队伍建设。国家加大投资组建一支适合中国国情的、现代化的、综合一体化的执法队伍，增强执法合力，提高执法效率，优化海洋资源开发与管理的法治化机制，真正做到依法治海。

五、以海洋资源资产化管理为基础，实现海洋资源的最佳配置

在国人传统观念里，海洋资源是自然力量形成的，没有任何经济价值。在对海洋资源的开发和管理中，中国长期实行资源无价、低价甚至无偿使用的政策，海洋资源资产化管理理念相当薄弱。21 世纪国人应该明确海洋资源不仅是重要的资源，而且是重要的资产。在市场经济条件下，必须通过资本运营的方式，实现海洋资源的科学化管理。

所谓海洋资源资产化管理，就是要遵循海洋资源的自然规律和经济规律，运用资产管理的理论与方法，对海洋资源开发利用活动进行管理。以《中华人民共和国海域使用管理法》《中国海洋 21 世纪议程》《全国海洋功能区划》等国家海洋法规政策为依据，对中国海洋资源进行立法。加强海洋资源资产管理基础工作，实施海洋资源资产产权管理，确立海洋资源资产有偿使用原则，充分实现海洋资源的经济社会价值。

国家作为产权人，对海洋资源资产拥有支配权。实行海洋资源资产化管理，才能形成规范的约束机制和激励机制，有利于节约海洋资源，提高其利用效率，实现海洋资源的最佳配置，从而提高资源管理水平。

六、依靠海洋科技进步，建立海洋综合管理体制机制

现代高新技术的运用，为国人全面认识、研究和开发海洋资源提供了坚实基础。"十四五"期间，要依靠科技对资源进行深层次的开发利用，加强资源综合利用，实现其物质效能的合理利用，大幅度提高资源利用效益和效率。在海洋生物遗传工程技术、海水养殖增殖技术、超声波生态遥测技术、海洋药物研制技术等领域加强科技开发。全方位整合海洋科技资源，加速产学研一体化进程，建立产学研联盟机制。

为保证高效合理开发与保护海洋资源，中国应重新审视现行海洋资源行政管理体制，避免海洋资源的无序开发，加强海洋管理的基础性工作，建立健全各级管理机构。根据国家总体经济社会发展规划，以国家海洋管理部门为主，建立协调、控制、监督和引导海洋综合管理体制，确立主管部门的地位与权威，保证各行业高效有序协调运转。

改善现有海洋管理体制机制，实行统一管理与分级分部门管理相结合的新型海洋综合管理模式，明确各职能部门分工，强化各机构的功能和职能，加强中国海洋主管机构与其他涉海部门的联系。根据科技发展和海洋开发需求修订海洋开发总体规划，对各级地方政府制定的海洋规划进行监督和检查。

七、形成海洋管理人才培养机制，全面提升海洋人力资源素养

一方面，虚心向全球尤其向海洋经济和科技发达的国家学习，引进高层次海洋科技人才。另一方面，整合国内高校、科研院所的资源，培植一批海洋资源开发的适用人才，通过多种途径培养现代化、复合型的海洋资源开发与管理人才。

海洋强国战略已经成为我国今后重点带动国民经济布局调整升级的重大战略。各部门和各沿海省市在制定具体落实发展海洋经济的细化制度时要充分考虑海洋人才培养的特殊性，注重从总体上统筹规划海洋人才培养的范围、内涵、层次。尤其是对于沿海地区的海洋人才培养要注意与中西部海洋联动产业的人才培养形成共享和交流机制。海洋人才的整体战略要注重整合优化各学科海洋科技人才资源，建设跨地区、跨部门、跨行业的海洋人才队伍。无论是人力资源管理部门还是高等院校都需要充分重视利用网络平台整合海洋人才培养的资源，使海洋人才培养的资源能实现远程化、规模化和推广化，从而使海洋人才的培养打破沿海地区局部培养的藩篱。

第五章
海洋产业分析评估

第一节 海洋产业结构分析

海洋产业是海洋经济的主体和基础。海洋产业分析是应用产业经济学理论和方法，对海洋产业结构、产业关联、主导产业选择、产业布局和产业集聚等进行的分析。在产业结构领域主要研究海洋产业结构的发展演变、产业结构的高度化和合理化等；在产业关联领域主要研究海洋产业间以及海洋产业与陆域产业间的经济技术联系；在主导产业选择领域主要研究海洋主导产业的定性和定量选择方法；在产业布局领域主要研究海洋产业布局的理论与评价方法；在产业集聚领域主要研究海洋产业集聚的理论和方法。

海洋产业结构是海洋经济的基本结构，是海洋经济总体中各类产业的多层次有序组合，反映了在海洋资源开发过程中各产业构成的比例关系。海洋产业结构既具有质的特征，又具有量的特征，其质的特征是各海洋产业的地位和作用，量的特征是各产业在海洋经济总体中所占的比重。海洋产业结构变动是海洋经济增长过程中出现的必然现象。海洋经济增长是海洋产业结构演变的基础，同时，海洋产业结构的转换与升级又是海洋经济总量获得新增长的必要条件。

一、产业结构相关理论和方法

在人类财富不断增长和积累过程中，产业结构理论也随之不断地发展和完善。概括来讲，产业结构理论主要包括产业结构演变理论和产业结构调整理论。

(一)产业结构演变理论

1.配第—克拉克理论

随着经济发展,劳动力首先由第一产业向第二产业移动,当人均国民收入水平进一步提高时,劳动力便向第三产业移动。根据配第—克拉克定理,通过一个国家时间序列数据的比较和不同国家横截面数据的比较,可以判断一个国家产业结构所处的阶段及特点,便于制定合理的产业政策,还可以对一国未来的就业需求进行预测,以便制定相应的劳动就业政策。

2.库兹涅兹理论

国民收入和劳动力在三次产业间分布结构的演变趋势特点为:第一产业的比较劳动生产率低于1,而第二、第三产业的比较劳动生产率则大于1。随着时间的推移,第二产业在整个国民收入中的比重趋于上升,而劳动力在全部劳动力中的比重大体不变;第三产业在整个国民收入中的比重大体不变,而劳动力在全部劳动力中的比重则呈上升趋势。

3.钱纳里理论

经济发展会规律性地经过六个阶段:

①以农业为主的传统社会阶段;

②以初级工业品为主的工业化初期阶段;

③由轻型工业向重型工业转变、非农业劳动力开始占主体、第三产业开始迅速发展的工业化中期阶段;

④第三产业由平稳增长转入持续高速增长的工业化后期阶段;

⑤制造业内部结构由资本密集型产业为主导转向技术密集型产业为主导的后工业化社会阶段;

⑥第三产业中的智能密集型和知识密集型产业开始从服务业中分离出来并占主导地位的现代化社会阶段。

4.霍夫曼理论

工业化进程可以划分为四个发展阶段:第一阶段,消费品工业的生产在制造业中占主导地位,而资本品工业的生产在制造业中是不发达的;第二阶段,资本品工业的增长快于消费品工业的增长,但消费品工业的生产规模仍然要比资本品工业的生产规模大得多;第三阶段,资本品工业的生产继续增长,规模迅速扩大,与消费品工业的生产处于平衡状态;第四阶段,资本品工业的生产占主导地位,其规模大于消费品生产规模,基本上实现了工业化。

5.赤松要雁行形态理论

在需求与供给相互作用制约下,落后国家的产业结构要经历三个阶段的变化:

①进口阶段。在某些产品的需求增加，而国内生产困难时，靠进口满足需求。

②国内替代阶段。在国内生产该种产品的条件成熟后，以国内生产满足需求，替代进口产品。

③出口阶段。随着国内生产条件日益改善，该种产品生产成本大大降低，市场竞争力加强，产品转而进入国际市场。后进国家应遵循进口、国内生产、出口的雁行发展形态。该理论的基本结论：落后国家的发展过程是先发展轻工业，然后发展重工业。

（二）产业结构调整理论

1.马克思主义的结构理论

马克思根据产品用途的不同将产品分成生产资料Ⅰ和消费资料Ⅱ两大部类：

①Ⅰ$(V+M)=$Ⅱ(C)，为了使简单再生产能够顺利进行，第Ⅰ部类生产资料的生产和第Ⅱ部类对生产资料的需要之间以及第Ⅱ部类消费资料的生产和第Ⅰ部类对消费资料的需要之间，都必须保持适当的比例关系。这种适当的比例关系即所谓的合理的产业结构。

②Ⅰ$(V+\Delta V+MX)=$Ⅱ$(C+\Delta C)$，第Ⅰ部类提供的产品，除满足两大部类对原有生产资料的补偿外，还必须满足两大部类对扩大再生产追加生产资料的需要；而第Ⅱ部类提供的产品，除满足两大部类对原有生活资料的需要外，还必须满足第Ⅰ部类扩大再生产所需追加的生活资料和第Ⅱ部类本身扩大再生产所需追加的生活资料的需要以及用于社会消费部分的需要。要保证社会再生产能够顺利进行，社会生产两大部类之间必须保持适当的比例关系。马克思的社会生产两大部类及其协调发展理论，是经济学史上重要的产业结构理论。

2.刘易斯的二元结构转变理论

发展中国家一般存在着由传统农业部门和现代工业部门构成的二元经济结构。在一定条件下，传统农业部门的边际生产率为零或者接近于零，劳动者在最低工资水平上提供劳动；而城市工业部门边际劳动生产率要高于农业剩余劳动力，因而工业生产可以从农业中得到向城市工业部门转移的劳动人口。随着城市工业的发展壮大，资本家不断将利润进行再投资，现代工业部门的资本量得到扩充，从农业部门吸收的剩余劳动力越来越多。随着农村剩余劳动力不断向城市工业转移，农村劳动力的边际生产率不断提高，工业劳动力的边际生产率不断降低，这种效应直到工业劳动力与农业劳动力的边际生产率相等才会停止，这时的二元经济结构转变为一元经济结构，过渡到了刘易斯的现代经济增长理论。发展中国家可以充分利用劳动力资源丰富这一优势，加速经济的发展。

3.罗斯托的主导部门理论

根据技术标准把经济成长划分为六个阶段，每个阶段都存在起主导作用的产业，经济阶段的演进就是以主导产业交替为特征的。

4.筱原三代平的两基准理论

产业结构规划的两个基本准则是收入弹性基准和生产率上升率基准。收入弹性基准是指把收入弹性高的产业和产品列为优先发展的对象，生产率上升原则要求优先发展那些生产率上升可能性比较大的部门。

（三）产业结构分析指标与计算方法

产业结构分析的常用指标主要包括产业资源利用水平指标、技术进步水平指标、需求供给水平指标、结构变化幅度指标、结构变动趋势指标和效益指标六类。这六类指标中既有静态分析指标，又有动态分析指标；既有水平分析指标，又有趋势分析指标；既有产出分析指标，又有效益分析指标。

1.产业资源利用水平指标

（1）单位产值自然资源消耗。

单位产值自然资源消耗指某种自然资源消耗量与国内生产总值的比值。其计算公式为

$$Z = \frac{M}{Y} \tag{5-1}$$

式中：Z 为单位产值自然资源消耗；M 为某种自然资源的消耗量；Y 为国内生产总值。

（2）产业消耗产出率。

产业消耗产出率指每消耗一单位的物质资料，能够带来多少总产值的收益。其计算公式为

$$Z_i = \frac{X_i}{C_i} \tag{5-2}$$

式中：Z_i 为第 i 产业消耗产出率；C_i 为第 i 产业的总消耗，等于中间投入加上固定资产折旧；X_i 为第 i 产业的总产值。

（3）产业能源消耗产出率。

产业能源消耗产出率指某一产业每消耗一单位能源，能生产多少总产值。其计算公式为

$$\mathrm{XD}_i = \frac{X_i}{\sum_j d_{ij} X_{ij}} \tag{5-3}$$

式中：XD_i 为第 i 产业能源消耗产出率；X_i 为第 i 产业的总产值；d_{ij} 为第 i 产业第 j 能源的完全消耗系数；X_{ij} 为第 i 产业第 j 能源的部门产品数量。

(4)劳动生产率。

劳动生产率指某产业增加值与该产业劳动者人数之比。其计算公式为

$$XL_i = \frac{X_i}{L_i} \tag{5-4}$$

式中:XL_i 为第 i 产业劳动生产率;X_i 为第 i 产业的增加值;L_i 为第 i 产业的就业人数。

2.产业技术进步水平指标

(1)产业技术进步速度。

产业技术进步速度指标是根据柯布—道格拉斯生产函数导出的,其计算公式为

$$v = \gamma - \alpha k - \beta l \tag{5-5}$$

式中:v 为技术进步速度;γ 为产出增长率;k 为资金投入量增长率;l 为劳动投入量增长率;α、β 分别为资金和劳动力的产出弹性,在规模报酬不变的条件下,$\alpha+\beta=1$。

(2)产业技术进步贡献率。

产业技术进步贡献率指在产出的增长量中有多大份额是由技术进步引致的。这是直接反映技术进步对经济增长影响的一项综合指标。其计算公式为

$$TD = \frac{v}{\gamma} \tag{5-6}$$

式中:TD 为技术进步贡献率;v 为技术进步速度;γ 为产出增长率。

3.产业需求供给水平指标

(1)需求收入弹性。

需求收入弹性指某产品需求量的变动对收入量变动的反应程度。其计算公式为

$$EQ = \frac{\Delta Q/Q}{\Delta Y/Y} \tag{5-7}$$

式中:EQ 为需求收入弹性;Y 为国内生产总值;ΔY 为国内生产总值的增量;Q 为收入水平为 Y 时对某一产业产品的社会需求量;ΔQ 为当收入增加 ΔY 时,对该产品的需求增量。

(2)产业资金出口率。

产业资金出口率指每一单位的投资能带来多少出口价值。其计算公式为

$$EI_i = \frac{\Delta E_i}{\Delta I_i} \tag{5-8}$$

式中:EI_i 为第 i 产业资金出口率;ΔE_i 为第 i 产业的出口额;ΔI_i 为第 i 产业的投资额。

4.产业结构变化幅度指标

(1)产业结构变动度。

产业结构变动度指与初始时期相比,各产业产出比重的综合变动程度。其计算公式为

$$E_j = \sum_{i=1}^{n} \left| Q_{ij} - Q_{i0} \right| \tag{5-9}$$

式中:E_j 为 j 时期相对于初始时期产业结构变化值;Q_{ij} 为 j 时期第 i 产业产出在整个国民经济中所占比重;Q_{i0} 为初始时期第 i 产业产出在国民经济中所占比重;n 为产业个数。E_j 越大,表明 j 时期相对于初始时期产业结构的变动幅度越大;反之,越小。

(2)产业结构熵数。

产业结构熵数指将产业结构比的变化视为产业结构的干扰因素,来综合反映产业结构变化程度大小的指标。其计算公式为

$$e_t = \sum_{i=1}^{n} W_{i,t} \ln\left(\frac{1}{W_{i,t}}\right) \tag{5-10}$$

式中:e_t 为 t 时期产业结构熵数;$W_{i,t}$ 为 t 时期第 i 产业所占的比重;n 为产业部门个数。e_t 值越大,说明产业结构越趋向于多元化;e_t 值越小,说明产业结构越趋向于专业化。

(3)Moore 结构变化值。

Moore 结构变化值指运用空间向量测定法,将国民经济看作由 n 个部门构成的一组 n 维向量,把不同时期两组向量的夹角,作为表征产业结构变化程度的指标。其计算公式为

$$\theta = \arccos \frac{\sum_{i=1}^{n} W_{i,t_1} W_{i,t_2}}{\left(\sum_{i=1}^{n} W_{i,t_1}^2\right)^{\frac{1}{2}} \times \left(\sum_{i=1}^{n} W_{i,t_2}^2\right)^{\frac{1}{2}}} \tag{5-11}$$

式中:θ 为 Moore 结构变化值,表示不同时期产业结构的相对变动程度,且有 $0° \leqslant \theta \leqslant 90°$;$W_{i,t_1}$ 为 t_1 时期为 i 产业所占的比重;W_{i,t_2} 为 t_2 时期第 i 产业所占的比重。如果将整个国民经济划分为 n 个产业,那么这 n 个产业就构成空间的一组 n 维向量。若在 t_1 时期和 t_2 时期,某产业在国民经济中的份额发生变化,则国民经济 n 维向量从 t_1 时期变动到 t_2 时期的过程中就会形成一个夹角,用这个夹角的大小来反映国民经济产业结构在这期间的变动程度。θ 值越大,表示不同时期两个 n 维向量的夹角越大,说明产业结构变动程度越大。

5.产业结构变动趋势指标

（1）产业经济弹性系数。

产业经济弹性系数是指产业的相对变化量与国民经济的相对变化量之比。它可以反映出产业的发展和萎缩过程，其计算公式为

$$\eta = \left(\frac{\theta_{i,t+1}}{\theta_{i,t}}\right) \Bigg/ \left(\frac{\sum \theta_{i,t+1}}{\sum \theta_{i,t}}\right) \tag{5-12}$$

式中：η 为产业经济弹性系数；$\theta_{i,t}$ 为 i 产业在 t 年的产值；$\sum \theta_{i,t}$ 为所有产业在 t 年的产值。$\eta>1$，则 i 产业的增长速度大于国民经济的增长速度，说明该产业处于增长阶段；$\eta=1$，则 i 产业的增长速度等于国民经济的增长速度，说明该产业与国民经济处于同步增长阶段；$\eta<1$，则 i 产业的增长速度低于国民经济的增长速度，说明该产业呈萎缩趋势。

（2）产业结构变动的反应弹性。

产业结构变动的反应弹性指产业部门增加值的变动受人均国内生产总值变动的影响程度。其计算公式为

$$E_i = a_i + \frac{a_i - 1}{r} \tag{5-13}$$

式中：E_i 为产业 i 的反应弹性；a_i 为产业 i 报告期比重与基期比重之比；r 为人均国内生产总值增长率。若 $E_i>1$，表明人均国内生产总值增长时，i 产业比重也增加；这时，如果$\frac{a_i-1}{r}>1$，则说明 i 产业比重的增长率大于人均国内生产总值增长率；如果$\frac{a_i-1}{r}=1$，则说明 i 产业比重的增长率等于人均国内生产总值增长率；如果$\frac{a_i-1}{r}<1$，则说明 i 产业比重的增长率小于人均国内生产总值增长率。若 $E_i=1$，表明人均国内生产总值增长时，i 产业比重没有变化。若 $E_i<1$，表明人均国内生产总值增长时，i 产业比重下降；这时，如果$\frac{a_i-1}{r}<-1$，则说明 i 产业比重的下降率大于人均国内生产总值增长率；如果$\frac{a_i-1}{r}=-1$，则说明 i 产业比重的下降率等于人均国内生产总值增长率；如果$\frac{a_i-1}{r}<0$，则说明 i 产业比重的下降率小于人均国内生产总值增长率。

（3）比较劳动生产率。

比较劳动生产率指某一产业的劳动生产率与全社会劳动生产率之比，或者说某一产业的总产值比重与劳动力比重之比。其计算公式为

$$h_i = \frac{X_i / L_i}{\sum X_i - \sum L_i} = \frac{X_i / \sum X_i}{L_i - \sum L_i} \tag{5-14}$$

式中：h_i 为比较劳动生产率；X_i 为第 i 产业的增加值；L_i 为第 i 产业的劳动力人数。

（4）生产率上升率。

生产率上升率是反映某产业不同时期生产率情况的指标，它用来说明某产业生产率提高的速度。其计算公式为

$$k_i = \frac{V_{it}}{V_{i0}} \tag{5-15}$$

式中：K_i 为第 i 产业的生产率上升率；V_{it} 为报告期 t 第 i 产业的生产率；V_{i0} 为基期第 i 产业的生产率。此处的生产率指综合生产率，包括劳动生产率、资金生产率、能源生产率等生产要素生产率的加权平均。

通常状况下，生产率上升较快的产业，技术进步速度较快，其生产成本下降也较快，在竞争中处于优势，从而带动整个产业结构向更高生产率的水平发展。

6.产业效益指标

（1）产业结构效益。

产业结构效益的计算公式为

$$G = \sum_{i=1}^{n} \frac{Q_i}{E} \cdot P_i - P \tag{5-16}$$

式中：G 为产业结构效益；Q_i 为第 i 个产业部门的产值；E 为全部产业的总产值；P_i 为第 i 个产业部门的资金利税率；P 为各产业部门的平均资金利税率。当 $G>0$ 时，表明产业结构较优，按各产业产值比重加权的资金利税率水平高于平均资金利税率水平，其经济效益也较高；当 $G=0$ 时，表明产业结构趋稳，其经济效益一般；当 $G<0$ 时，表明产业结构较差，其经济效益较低。如与前一时期某一时点相比，G 值上升，则说明产业结构效益提高，产业结构优化；反之，产业结构效益降低，产业结构恶化。

（2）结构影响指数。

假定以资金利税率作为计算经济效益的基础指标，则结构影响指数 K 的计算公式为

$$K_j = \sum_{i=1}^{n} P_{ij} \cdot P \frac{q_{ij}}{\sum_{i=1}^{n} P_{ij} \cdot q_{i0}} \tag{5-17}$$

式中：P_{ij} 为歹区域 i 产业部门的资金利税率；q_{i0} 为对比区域 0 产业部门的资金

占其区域全部产业资金总额的比重；q_{i0}为对比区域0第i产业部门资金占其全部产业资金总额的比重。$K_j>1$，表示j区域产业结构影响较大，整体效益高于对比区域；$K_j=1$，表示j区域产业结构影响一般，整体效益与对比区域持平；$K_j<1$，表示j区域产业结构影响较小，总体效益低于对比区域。

（3）效益超越系数。

产业结构的效益超越系数计算公式为

$$F=\frac{r}{R} \tag{5-18}$$

式中：F为效益超越系数；r为净产值的增长率；R为总产值的增长率。若$F>1$，则产业结构素质好，产业经济效益大于产值增长速度；若$F=1$，则产业结构素质一般，产业经济效益等于产值增长速度；若$F<1$，则产业结构素质差，经济效益小于产值增长速度。

（4）投资产出效果系数。

投资产出效果系数的表示公式为

$$Z_j=\frac{1}{n}\sum_{i=1}^{n}\frac{1}{P_{ij}}=\frac{1}{n}\sum_{i=1}^{n}\frac{1}{a_{ij}+b_{ij}+c_{ij}} \tag{5-19}$$

式中：Z_j为j产业的投资产出效果系数；P_{ij}为投资产出系数，即j产业每增加一个单位产品的产出所需的i产业的投资；a_{ij}为流动资金投资产出系数，即j产业每增加一个单位的产出，所需要购买i产业的原料、材料、半成品的资金额；b_{ij}为更新改造投资产出系数，即j产业每增加一个单位产出，需要用更新改造资金购买i产业的产品作为固定资产的资金额；c_{ij}为基建投资产出系数，即j产业每增加一个单位产出，需要用基建资金购买i部门产品作为固定资产的资金额，因此，$P_{ij}=a_{ij}+b_{ij}+c_{ij}$。$Z_j$值较大，表示在相同投资的情况下，$j$产业产出多于其他产业，或者在产业产出相同的情况下，j产业所需投资少于其他产业；Z_j值较小，表示在相同投资的情况下，j产业产出少于其他产业。

二、海洋产业结构发展演变分析

产业结构发展演变的动因主要包括国内外宏观经济形式、科技创新水平、产业政策、供给要素和需求要素等。除此以外，一个国家的历史、政治、文化和社会的各种状况也会影响产业结构。所有这些因素的影响都不是孤立的，它们相互促进、相互制约、综合地影响和制约着产业结构及其变化。随着经济发展和技术水平的不断提高，产业结构也会随之发生改变，但这种改变应当有一个正常节奏。如果在较短时间内产业结构变化过快，表明经济发展处于不平衡状态，并且存在着相当程度的经济波动；如果在较长时期内产业结构变化不大，则表明经济发展缓慢或经济发展缺乏潜力。海洋产业结构发展演变分析常用的指标有两个，即环比增长速度和定基增长速度。

(一)海洋经济产业结构发展演变

1.海洋产业与海洋相关产业结构演变分析

海洋产业与海洋相关产业比例结构是海洋经济特有的结构，两者相互促进、相互依存，海洋产业能够带动海洋相关产业的增长，反过来海洋相关产业又能够加速海洋产业的发展。整体而言海洋产业增加值与海洋相关产业增加值比例相对稳定，保持在6∶4左右。海洋产业持续占据海洋经济的主体，而海洋相关产业增加值总体呈稳中略升的发展态势。这说明近些年我国海洋经济内部的技术经济关系没有发生实质性变化，但随着海洋产业扩散效应的增强，海洋相关产业在我国海洋经济发展中的地位正逐渐提高。

2.主要海洋产业结构演变分析

从定基增长速度来看，海洋矿业、海洋电力业和海洋生物医药业等规模较小的产业，处于产业发展初期，技术更新迅速，产值增速最高；海洋船舶工业、海洋化工业、海水利用业、海洋工程建筑业和海洋油气业等新兴产业处于产业成长期，产值规模适中且增长速度较快；滨海旅游业、海洋渔业和海洋交通运输业等传统产业处于产业成熟期，产值规模较大，但增长速度较慢；海洋盐业处于产业衰退期，产值规模较小，增长速度也较慢。

从环比增长速度来看，当前海洋渔业、海洋交通运输业、海洋船舶工业和海洋盐业等传统产业发展比较稳定，增速平稳；海洋生物医药业、海洋工程建筑业、海洋电力业、滨海旅游业和海水利用业等新兴产业，发展不稳定，增速波动较大；海洋化工业、海洋矿业、海洋油气业等受需求要素变动、产业政策、国际经济形势变化等影响，产业增速波动剧烈。

(二)海洋三次产业结构发展演变

海洋经济三次产业均整体向西南方向并以南为主要方向移动，海洋第二产业空间位移距离最大，海洋第一产业次之。其中，海洋第一产业在2012年后稳定保持向西南移动的态势，海洋第二产业在2011年后基本稳定保持向西南移动的态势并在2014年后主要向南移动，海洋第三产业自2011年开始由向东转为向西移动并在2014年后大幅向西南方向移动。

2009年，我国海洋第一产业区域发展的不平衡指数最大，海洋第三产业次之，海洋第二产业最小。2016年，海洋第三产业不平衡指数最大，其他两类产业不平衡指数相同。具体来看，我国海洋第一产业的区域发展不平衡指数有减小的趋势，且在2013年之后保持稳定减小；海洋第二产业不平衡指数明显增大，且在2013年之后持续显著增大,表明我国海洋第二产业空间集聚程度显著增强;海洋第三产业不平衡指数在波动中有所增加,且在2014年之后持续增加,表明我国海洋第三产业空间集聚发展程度增加。

我国海洋经济第三产业动态度最大,海洋第一产业动态度次之,海洋第二产业动态度最小(图5-1)。分省份来看,海洋第一产业动态度居前三位的依次是天津、江苏、河北,海洋第二产业动态度居前三位的依次是广西、江苏、广东,海洋第三产业动态度居前三位的依次是广西、河北、福建。

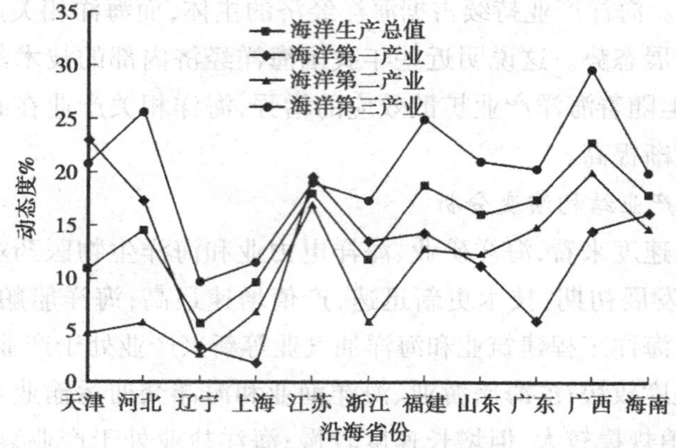

图5-1 各省份海洋经济发展动态度

海洋经济三次产业具有不同的区域发展特征。海洋第一产业规模占全国比重较高的省份依次为山东、福建、浙江、江苏、辽宁。2009—2016年,辽宁、广东、山东、上海四省市海洋第一产业规模占全国比重均减小,其他省市所占比重均增大,其中,江苏、福建增加最为显著。海洋第二产业规模占全国比重较高的省市依次为广东、山东、江苏、福建、辽宁;辽宁、天津、浙江、上海、河北海洋第二产业规模占全国比重均减小,其他省市所占比重均增大,其中,广东、江苏、山东增加最为显著。海洋第三产业规模占全国比重较高的省市依次为广东、山东、上海、福建、浙江;上海、辽宁、浙江海洋第三产业规模占全国比重均减小,其他省市所占比重均增大,其中,福建、山东、广东增加最为显著。

三、海洋产业结构高度化分析

产业结构高度化是指遵循产业结构演变规律,通过技术创新,使产业结构整体素质和效率向更高层次不断演进的动态过程。产业结构高度化强调技术集约化程度的提高,要求主导产业和支柱产业尽快成长和更替,打破原有的产业结构低水平的均衡,实现少数高科技、高效率产业的超前发展,然后带动相关产业及整个国民经济的发展。产业结构高度化的测度方法主要有标准结构法、结构相似系数法、距离判别法和新兴产业比重法。

(一)产业结构高度化测度方法

1.标准结构法

"标准结构"是大多数国家产业结构高度化演进的综合描述,一般是通过统计分析的方法,对样本国家产业结构高度化表现出的特征进行统计归纳,并在此基础上总结出能刻画某一高度化阶段的若干指标,作为产业结构演进的"标准"和"代表"。产业结构高度化可以多指标、多角度衡量,常用的标准结构主要有赛尔奎因、钱纳里的工业化结构标准,库兹涅兹的产值结构标准,钱纳里、艾金通和西姆斯的劳动力结构标准和钱纳里、艾金通和西姆斯的比较劳动生产率结构标准。

2.结构相似系数法

产业结构相似系数也称为产业同构系数。在产业结构分析中,往往利用结构相似系数法来分析区域发展程度、经济成熟度和地区间产业结构的相似性。该方法是以某一参照国(区域)的产业结构为标准,将本国(区域)的产业结构与之进行比较,以判断本国(区域)产业结构高度化程度的一种方法。

设 A 为研究区域,B 为参照区域,令 x_{Ai}、x_{Bi}分别为 i 产业在 A、B 中的比重,其中 x 可以是国内生产总值,也可以是就业人数、投资等,则结构相似系数 R_{AB} 的计算公式为

$$R_{AB}=\frac{\sum_{i=1}^{n}x_{Ai}x_{Bi}}{\sqrt{\sum_{i=1}^{n}x_{Ai}^{2}\sum_{i=1}^{n}x_{Bi}^{2}}} \tag{5-20}$$

结构偏离度系数 δ_{AB}是结构相似系数的余指标,即:

$$\delta_{AB}=1-R_{AB} \tag{5-21}$$

R_{AB}和 δ_{AB}的取值范围为 0~1,R_{AB}越接近于 1,即 δ_{AB}越接近于 0,说明研究区域与参照区域的产业结构越相似($R_{AB}=1$ 表示结构完全相同);R_{AB}越接近于 0,即 δ_{AB}越接近于 1,说明两个区域的产业结构偏离越大($R_{AB}=0$ 表示结构完全不同)。

R_{AB}和 δ_{AB}还可以用于反映不同时期国家或地区的产业结构差异状况,也可以分析不同时期不同区域、国家的产业结构。从动态来看,若 R_{AB}趋于上升,则产业结构趋于相同;若 R_{AB}趋于下降,则产业结构趋异。

3.距离判别法

距离判别法是构造一个关系式,据此计算被判别经济系统和参照经济系统间产业结构的离差程度,以考察经济系统的产业结构高度。距离判别法包括欧氏距离法、海明距离法和兰氏距离法。

欧氏距离 d_{AB} 的计算公式为

$$d_{AB} = \sqrt{\sum_{i=1}^{n} (x_{Ai} - x_{Bi})^2} \tag{5-22}$$

海明距离 d_{AB} 的计算公式为

$$d_{AB} = \sum_{i=1}^{n} |x_{Ai} - x_{Bi}| \tag{5-23}$$

兰氏距离 d_{AB} 的计算公式为

$$d_{AB} = \sum_{i=1}^{n} \frac{|x_{Ai} - x_{Bi}|}{x_{Ai} + x_{Bi}} \tag{5-24}$$

式中：x_{Ai}，x_{Bi} 的含义与结构相似系数法一致。

另外，欧氏距离的修正式 d'_{AB} 为

$$d'_{AB} = 1 - c\sqrt{\sum_{i=1}^{n} (x_{Ai} - x_{Bi})^2} \tag{5-25}$$

海明距离的修正式 d'_{AB} 为

$$d'_{AB} = 1 - c\sum_{i=1}^{n} |x_{Ai} - x_{Bi}| \tag{5-26}$$

兰氏距离的修正式 d'_{AB} 为

$$d'_{AB} = 1 - c\sum_{i=1}^{n} \frac{|x_{Ai} - x_{Bi}|}{x_{Ai} + x_{Bi}} \tag{5-27}$$

式中：c 是一个适当的大于零的数，它可使得 d'_{AB} 落入[0,1]区间内，因此 c 的选择对 d'_{AB} 数值的大小作用很大。经过修正，将正向指标变为逆向指标，使得距离判断法和相似系数法的判断方向一致，便于结果的比较。

d_{AB} 和 d'_{AB} 的取值范围为 0～1，d'_{AB} 越接近于 1，即 d_{AB} 越接近于 0，说明研究区域与参照区域的距离越接近，产业结构越相似（$d'_{AB}=1$ 表示完全相同）；d'_{AB} 越接近于 0，即 d'_{AB} 越接近于 1，说明两个区域的距离越远，产业结构偏离越大（$d'_{AB}=0$ 表示完全不同）。

d_{AB} 和 d'_{AB} 还可以用于反映不同时期国家或地区的距离差异状况，也可以分析不同时期不同区域、国家的距离接近程度。从动态来看，若 d'_{AB} 趋于上升，即 d_{AB} 趋于下降，则研究区域与参照区域的产业结构越相近；若 d'_{AB} 趋于下降，即 d_{AB} 趋于上升，则研究区域与参照区域的产业结构越相异。

4.新兴产业比重法

新兴产业比重法通常用来衡量经济体内部产业结构的高级化程度。产业结构高级化过程也是传统产业比重不断降低、新兴产业比重不断上升的过程。通过计算和比较不同时期新兴产业的产值、销售收入等在全部产业中的比重，可以衡量产业

结构高级化的过程；发展中国家或地区可以以发达国家或地区为参照对象，寻找自身产业结构高级化的相对水平和差距。其计算公式为

$$新兴产业增加值比重 = \frac{新兴产业增加值}{国内生产总会} \times 100\% \tag{5-28}$$

（二）海洋产业结构高度化实证分析

1.基于结构相似系数法的实证分析

我国沿海地区海洋产业同构现象比较严重。其中辽宁与山东、浙江、福建、海南，山东与福建、广西、海南，浙江与福建，福建与海南之间的产业结构相似系数均超过0.9，处于高度同构状态。辽宁与广西，河北与山东、江苏、浙江，山东与浙江，上海与浙江、福建、广东，浙江与广东、海南，福建与广东，广西与海南之间的产业结构相似系数均超过0.8的警戒线。

2.基于欧氏距离法的实证分析

我国沿海地区海洋产业同构现象相当严重。11个沿海地区之间的修正欧氏距离均超过了0.8，特别是辽宁与山东、浙江、福建，山东与浙江、福建，浙江与福建、广东，福建与广东等沿海地区之间的修正欧氏距离均大于或等于0.95。说明这些地区之间的产业同构状况非常严重。

四、海洋产业结构合理化分析

产业结构合理化是指为提高经济效益，要求在一定的经济发展阶段上，根据科学技术水平、消费需求结构、人口基本素质和资源条件，对起初不合理的产业结构进行调整，实现生产要素的合理配置，使各产业得到协调发展。产业结构合理化具有完整性、内外统一性、相对性和动态性的特征，判断产业结构合理化的方法主要有定性评价标准和定量判断方法两个方面，其中定量判断方法又包括比例协调分析法、国际标准比较法、影子价格分析法、市场供求判断法和结构效益分析法5种方法。

产业结构的合理化和高度化有着密切的联系。产业结构的合理化为产业结构的高度化提供了基础，而高度化则推进了产业结构在更高层次上实现合理化。产业结构的合理化首先着眼于经济发展的近期利益，而产业结构高度化则更多地关注结构成长的未来，着眼于经济发展的长远利益。因此，在产业结构优化的全过程中，应把合理化和高度化问题有机结合起来，以产业结构合理化促进产业结构高度化，以产业结构高度化带动产业结构合理化的调整，从而实现产业结构的优化。

（一）产业结构合理化的评价标准

合理的产业结构对于经济的增长和发展具有重大作用。产业结构的形成不仅受到内部自身因素的影响，还取决于外部环境条件。决定产业结构内部条件的因素

主要包括资金的供给状况、人力资源状况以及科学技术水平等;影响产业结构外部条件的因素主要包括国家经济政策规划、区域间的经济联系、区域间的技术交流、社会消费需求等。产业结构合理化的定性分析(评价标准)包括以下5个方面。

1.是否充分利用了本地资源要素优势

劳动力、资金、技术和资源等生产要素是产业结构的天然基础和决定因素。所谓资源结构就是指生产要素结构,即劳动力、资金、技术和资源之间的比例关系。不同地区之间生产要素的差异性决定了地区间产业结构的不同。丰富的劳动力供给数量和良好的素质是产业发展,尤其是劳动密集型产业和知识密集型产业发展的基本条件;充足的资金供应则是产业发展,尤其是资本密集型产业发展的必要前提;产业结构的技术水平是由本地区的生产技术结构决定的,先进的技术是发展技术密集型产业的有利条件;自然资源的丰裕度也会直接制约相关产业的发展。生产要素在产业间的配置和转移决定着产业结构的现状和演变方向。

2.是否能够承担地域分工的责任

产业系统能否承担起地域分工的重要任务,集中表现在主导产业部门是否形成,其发展的规模是否适度。大区域系统由若干个小区域子系统组成,如果各个区域子系统都能基于自身特点建立以优势生产要素为专业部门的产业体系,专业化部门的产品可以大量对外输出和交换,则区域子系统之间便可以实现合理的经济分工,从而确保区域子系统乃至整个区域规模报酬递增。若某地区的主导产业是规模适中的专业化部门且可以与其他地区分工协作,担负起地域分工的重任,对产业结构的优化与协调做出自己独特的贡献,那么该地区的产业结构就是合理的。

3.产业间的关联协调度如何

合理的产业结构是指各个产业之间联系紧密、发展协调,特别是主导产业与辅助产业、基础产业之间在数量、规模、时序以及空间布局等方面的协调性较高。产业间,特别是主导产业和非主导产业之间的关联关系是否协调是衡量产业结构合理化的关键。产业间关联度的协调性包括两个方面:①主导产业的优势能否辐射和带动相关产业发展;②相关产业是否与主导产业的发展相配合,从而使整个经济系统高效率运转。

4.是否有较强的转换能力和应变能力

产业结构的演化是一个永无止境的动态过程,合理的产业结构应该具有较强的转换能力和应变能力。这取决于产业结构的弹性状况,如果弹性较大、应变能力强,那么产业结构就能抓住有利时机,有效地将外来因素或外部投入转换为输出,形成强大的扩张、输出能力,从而进入一个更高的水平和阶段;相反,如果产业结构刚性较强,应变能力很差,那么就不能及时转换和升级,只能任凭大好机会错过。

5.是否具有高效的结构性效益

结构性效益是衡量产业结构合理与否的最终标准,也是经济发展的归宿。如果经济效益好,如果这个较好的经济效益是由其产业结构带来的,那么这个产业结构就是合理的;相反,如果经济效益不好,而且这个较差的经济效益是由其产业结构导致的,那么这个产业结构就不合理,需要调整。

(二)产业结构合理化的判断方法

产业结构合理化的定量分析方法主要有以下5种。

1.比例协调分析法

将各个产业的规模相互比较,如果在标准范围之内就是合理的;否则,就是不合理的。这种判断标准通常采用最常用的产业结构合理化衡量标准,其优点是简单易行,缺点在于丢失了太多的信息,只考虑规模,过于单一和绝对。

2.国际标准比较法

与产业结构高度化测度方法中的标准结构法类似,国际标准比较法根据发达工业国家的经验,对不同发展时期(通常以人均国内生产总值作为阶段划分标准)设定不同的产业构成比例,然后将研究目标的产业结构与相应的国际结构标准进行对比,依据两者的相似程度来判断产业结构是否合理。代表性的标准如钱纳里标准等。

3.影子价格分析法

与实际市场价格不同,影子价格是用线性规划方法计算出来的反映资源最优使用效果的价格。如果各种产品的边际产出相等,表明资源得到了合理的配置,各种产品的供需平衡,产业部门达到最佳组合。所以,可以计算各产业部门的影子价格与产业总体的影子价格平均值的偏离程度,来衡量产业结构是否合理。偏离越小,说明产业结构越趋于合理。

4.市场供求判断法

在市场需求结构和产出结构的关系中,市场需求结构占有主动的地位,它引导着产出结构的变动;而产出结构并不能及时和完全地适应市场需求结构,两者之间会存在一定的偏差。这种偏差通常表现为两种形式,一种为总量偏差,另一种为结构偏差。

假定市场的总需求为D,对第i产业的需求为$D_i(i=1,2,\cdots,n)$;令某经济系统的总产出为S,第i产业的产出为$S_i(i=1,2,\cdots,n)$。由于,$D=\sum D_i$,$S=\sum S_i$,因此,可以构建市场产出结构相对于需求结构的适应系数g,通过g来考察该产业结构系统的合理化程度。计算公式为

$$g = \frac{1}{n} \sum \left[1 - \frac{|S_i - D_i|}{\max(S_i, D_i)} \right] \tag{5-29}$$

式中：g 的值域为[0,1]。g 越接近1，就说明该系统的产出结构越适应市场需求，也表明该产业结构体系越趋于合理。

5.结构效益分析法

结构效益分析法是根据产业结构变动引起国民经济总产出和总利润的变化来衡量产业结构是否合理的方法。如果产业结构变化引起国民经济的总产出相对增长、总利润相对增加，则表明产业结构在朝着合理的方向变动；若产业结构变化引起国民经济的总产出相对下降、总利润相对减少，则说明产业结构在朝着不合理的方向变动。

第二节　海洋产业关联分析

产业关联的实质是经济活动过程中各产业间的技术经济联系。产业只有通过链条式的联动发展，才能为经济提供巨大的发展空间，并且有利于形成协调、稳定、快速的发展模式。海洋产业关联包括两个层面的内容：一是海洋产业之间的关联；二是海洋产业与陆域产业间的关联。其本质是海洋产业间或海陆产业间"量"的联系。产业关联的方式包括劳动力关联、资源关联、技术关联和信息关联，一般采用灰色关联分析方法和投入产出方法来对海洋产业关联进行分析。

一、基于灰色关联模型的海洋产业关联分析

在产业关联的定量分析过程中，当出现数据样本容量较小以及统计口径不一致的情况时，通常使用灰色关联分析方法。灰色关联分析的基本思想是根据序列曲线几何形状的相似程度来判断其联系是否紧密，并计算灰色关联度。曲线形状越接近，相应序列之间的关联度就越大，反之就越小。

(一)灰色关联分析原理与方法

设系统特征序列：$X'_0 = [x'_0(1), x'_0(2), \cdots, x'_0(n)]$；设 m 个时间序列分别代表 m 个因素，即 $X'_i = [x'_i(1), x'_i(2), \cdots, x'_i(n)]$，$(i = 1, 2, \cdots, m)$。称特征序列 X'_0 为母序列，而称 m 个因素序列为子序列。关联度是子序列和母序列关联性大小的度量，其计算方法和步骤如下。

1.原始数据变换

各因素的量纲一般不一定相同，而且有时数值的数量级相差悬殊。因此，对原

始数据需要消除量纲变换处理，转换为可比较的数据序列，通常采用初始化变换。记初始化后的母序列和子序列分别为

$$X_0=[x_0(1),x_0(2),\cdots,x_0(n)] \text{ 和}$$

$$X_i=[x_i(1),x_i(2),\cdots,x_i(n)],(i=1,2,\cdots,m)$$

其中，对于 $i=0,1,2,\cdots,m,x_i(k)=x'_i(k)/x'_i(1),(k=1,2,\cdots,n)$。

2.计算关联系数

$x_0(k)$ 与 $x_i(k)$ 的关联系数为

$$\gamma[x_0(k),x_i(k)]=\frac{\min_i\min_k|x_0(k)-x_i(k)|+\zeta\max_i\max_k|x_0(k)-x_i(k)|}{|x_0(k)-x_i(k)|+\zeta\max_i\max_k|x_0(k)-x_i(k)|} \tag{5-30}$$

式中：ζ 为分辨系数，ζ 越小，分辨能力越大，通常有 $\zeta\in(0,1)$，本书分析中取 0.5。

3.计算关联度

母序列与子序列的关联度以这两个比较序列各个时刻关联系数的平均值计算，即

$$R(X_0,X_i)=\frac{1}{n}\sum_{i=1}^{n}\gamma[x_0(k),x_i(k)] \tag{5-31}$$

4.排关联序

将 m 个子序列对同一母序列的关联度按着大小顺序排列起来，便组成关联序，它直接反映各个子序列对母序列的关联密切程度。

(二)海洋产业与海洋经济总体关联关系分析

根据 2001—2012 年海洋经济数据构建原始数据序列，其中母序列为 X'_0—海洋生产总值；子序列为：X'_1—海洋渔业增加值，X'_2—海洋油气业增加值，X'_3—海洋矿业增加值，X'_4—海洋盐业增加值，X'_5—海洋船舶工业增加值，X'_6—海洋化工业增加值，X'_7—海洋生物医药业增加值，X'_8—海洋工程建筑业增加值，X'_9—海洋电力业增加值，X'_{10}—海水利用业增加值，X'_{11}—海洋交通运输业增加值，X'_{12}—滨海旅游业增加值。

除海洋矿业以外，各主要海洋产业与海洋经济的关联度较高，均在 0.8 以上，说明各主要海洋产业与海洋经济发展的一致性较高。为保护海洋资源和环境，沿海各地逐渐加强了对海砂开采的控制和管理，海洋矿业的发展轨迹与海洋经济总体发展情况不尽相同。

各主要海洋产业与海洋经济的关联序为：$R_{012}>R_{011}>R_{01}>R_{04}>R_{02}>R_{08}>R_{010}>R_{05}>R_{06}>R_{09}>R_{07}>R_{03}$，即主要海洋产业与海洋经济的关联程度由大到小依次是滨海旅游业、海洋交通运输业、海洋渔业、海洋盐业、海洋油气业、海洋工程建筑业、海水利用

业、海洋船舶工业、海洋化工业、海洋电力业、海洋生物医药业、海洋矿业。可见，传统海洋产业如海洋交通运输业、滨海旅游业、海洋盐业、海洋船舶工业等与海洋经济发展的一致性较高；而新兴海洋产业如海水利用业、海洋电力业、海洋生物医药业等与海洋经济发展的一致性较低。支柱产业如滨海旅游业、海洋交通运输业、海洋渔业、海洋油气业与海洋经济发展的一致性较高；而其他非支柱产业与海洋经济发展的一致性较低。

（三）海洋产业间关联关系分析

分别以 X'_1、X'_2、X'_3、X'_4、X'_5、X'_6、X'_7、X'_8、X'_9、X'_{10}、X'_{11}、X'_{12}为母序列，计算其与其余11个序列的关联度，构建主要海洋产业间关联度矩阵和关联序矩阵，以此来衡量主要海洋产业之间的关联关系和关联性的大小。需要注意的是，首先，主要海洋产业间关联度矩阵为非对称矩阵，即对于 A 产业来说 B 产业的关联密切程度，与对于 B 产业来说 A 产业的关联密切程度是不同的。其次，本模型只考虑了产业之间的当期关系，而未考虑产业上下游关联而产生的滞后关系。例如，海洋船舶工业与海洋交通运输业存在显著的上下游关联，但由于海洋船舶工业的生产周期较长，与海洋交通运输业的发展存在滞后关系，两者之间的当期关联关系较弱，反映在关联度上的数值也较小。

（1）海洋产业发展的协调性总体较高，所有产业间的关联度均大于0.6。

（2）与其他海洋产业关联关系较强的产业有海洋油气业、海洋工程建筑业、滨海旅游业、海洋交通运输业、海洋渔业、海洋船舶工业；这些产业对其他海洋产业的关联度较高，横向平均关联度分别为0.910 0，0.909 1，0.907 7，0.903 7，0.901 8，0.898 3，纵向平均关联度分别为0.905 1，0.905 7，0.898 2，0.889 6，0.887 3，0.900 1；相应的平均关联序也比较靠前，分别为4.1，3.9，4.8，5.4，6.1，4.5。与其他海洋产业关联关系较弱的产业有海洋盐业、海洋电力业、海洋生物医药业、海洋矿业；这些产业对其他产业的关联度较低，横向平均关联度分别为0.891 2、0.818 1、0.792 0、0.714 4，纵向平均关联度分别为0.873 4、0.850 7、0.848 9、0.687 5；相应的平均关联序也比较靠后，分别为7.5、8.1、7.9、11。

（3）每个产业与其他产业的关联关系不一而足。其中，海洋渔业、海洋油气业、海洋船舶工业、海洋工程建筑业、海洋交通运输业和滨海旅游业相互之间的关联度均较高。海洋矿业与其他所有产业的关联关系均较弱。海洋化工业包含海洋盐化工、海洋石油化工、海洋生物化工和海水化工，但数据结果显示，海洋化工业仅与海洋油气业和海水利用业的关联关系较强，而未显示出与海洋盐业和海洋生物医药业的显著关联关系。海洋船舶工业与海洋交通运输业的当期关联关系不显著。海洋电力业由于生产场所的排他性，与利用海洋空间资源的滨海旅游业、海洋交通运输业、海洋渔业、海洋盐业和海洋矿业等关联关系均较弱。海水利用业规模较小,但数据显示其与其他产业的关联关系均较强。

具体来看:

(1)海洋渔业与海洋交通运输业、滨海旅游业、海洋油气业和海洋工程建筑业的关联度较高,主要是由于海洋渔业生产与海上运输、休闲渔业、燃油动力供给、渔港工程建设等活动相关。

(2)海洋油气业与海洋工程建筑业和海洋船舶工业的关联度较高,主要是由于海洋油气生产与油气平台建设和海上油气平台制造密切相关。

(3)海洋矿业与所有产业的关联度都较低,主要由于国家加强对海砂开采的控制和管理,产量和产值增长比较平稳,增长率不及其他产业显著。

(4)海洋盐业与其他产业的关联度较低,其中与海洋化工业的关联度也比较低,反映出海洋盐业与海洋化工业中的海洋化工关联关系较弱。

(5)海洋船舶工业与海洋工程建筑业、海洋油气业、滨海旅游业、海洋交通运输业和海洋渔业的关联度较高,主要是由于海洋船舶生产服务于海洋油气生产、海上交通运输和海洋捕捞,同时受海上工程建筑和滨海旅游等产业发展的拉动。

(6)海洋化工业与海水利用业、海洋油气业的关联度较高,而与海洋生物医药业和海洋盐业的关联度较低,反映出海水化工与海水利用业的关联关系较强,海洋石油化工与海洋油气业的关联关系较强,而海洋生物化工与海洋生物医药业的关联关系不显著,海洋化工与海洋盐业的关联关系亦不显著。

(7)海洋生物医药业与海洋化工业的关联度较高,反映出海洋生物医药业与海洋化工业中的海洋生物化工关联关系较强。

(8)海洋工程建筑业与海洋油气业、海洋船舶工业、滨海旅游业、海洋交通运输业和海洋渔业的关联度较高,这主要是由于海洋工程建筑服务于海上油气平台建设、旅游设施建设、交通港口建设和渔港建设等,同时需要海洋船舶工业提供建造用固定及浮动装置的制造。

(9)海洋电力业与海洋工程建筑业的关联度较高,而与滨海旅游业、海洋交通运输业、海洋渔业、海洋盐业和海洋矿业的关联度较低,主要是由于海洋电力生产前期需要大量的电力工程施工与发电机组设备安装活动,而由于生产场所的排他性而与滨海旅游、海洋交通运输、海洋渔业、海洋盐业和海洋矿业等产业关联关系较弱。

(10)海水利用业与海洋化工业关联度较高,反映海水利用业与海水化工关系密切。

(11)海洋交通运输业与海洋渔业、滨海旅游业、海洋油气业和海洋工程建筑业的关联度较高,而与海洋船舶工业的当期关联度较低,主要由于海洋交通运输服务于海洋渔业、滨海旅游业、海洋油气生产等,需要大量的海港码头、港池、航道和导航设施的施工活动而与海洋工程建筑业关联关系密切;但由于船舶工业的订单式生产方式,海洋交通运输业与海洋船舶产业发展存在滞后关系,当期关联关系不显著。

(12)滨海旅游业与海洋交通运输业、海洋渔业、海洋油气业、海洋工程建筑业的关联度较高,主要由于滨海旅游业需要旅客运输提供服务,需要油气生产提供燃油动力,需要大量的娱乐设施和景观工程建筑等,同时由于新兴的休闲渔业而与海洋渔业关联关系较强。

二、基于投入产出模型的海洋产业波及效应分析

经济活动是由众多经济部门组成的有机整体,产业间相互依存、相互制约,部门间的生产和分配有着非常复杂的经济和技术联系。每个部门都有双重身份:一方面,作为生产部门把产品提供给其他部门作为消费资料、积累和出口物资等;另一方面,该部门的生产过程也要消耗别的部门或本部门的产品和进口物资。投入产出表是全面而系统地反映经济系统各部门、各产品之间的经济技术联系和经济关系的一种表格,它可以用来揭示各部门间经济技术的相互依存、相互制约的量化关系,从产品产出和产品分配两个角度来反映各部门之间的产品流动。投入产出分析就是依据投入产出表对产业间关联效应进行的分析。本部分运用投入产出模型分析海洋产业与非海洋产业的关联关系和关联程度,探讨海洋产业对于陆域产业的波及效应。

(一)基于投入产出方法的产业关联指标

产业间技术联系的不同决定了关联程度有高有低,有前向或后向关联度高的,也有前后关联度都高的,通常后向关联度高的产业可以通过自身发展的同时带动相关产业同向发展,而前向关联度高的产业则可以通过自身的发展而为相关产业提供发展条件。利用投入产出表可以构造出产业关联指标。

1.前向关联指数

前向关联指数反映某产业作为上游产业需要把自身的产品提供给下游产业,从而对下游产业的供给产生推动作用。计算公式为

$$L_{F(i)} = \frac{\sum_{j=1}^{n} x_{ij}}{x_i}, (i = 1, 2, \cdots, n) \tag{5-32}$$

式中:$L_{F(i)}$ 表示海洋 i 产业的前向关联指数;x_i 为海洋 i 产业的全部产出;x_{ij} 为海洋 i 产业对 j 产业提供的中间投入。

2.后向关联指数

后向关联指数反映某产业作为下游产业需要消耗上游产业的产品,从而对上游

产业的需求产生拉动作用。计算公式为

$$L_{B(j)} = \frac{\sum_{i=1}^{n} x_{ij}}{x_j}, (i = 1,2,\cdots,n) \tag{5-33}$$

式中：$L_{B(j)}$ 表示海洋 j 产业的后向关联指数；x_j 为海洋 j 产业的全部产出；x_{ij} 为海洋 j 产业消耗 i 产业的中间产品。

基于直接消耗系数矩阵计算的前向关联指数和后向关联指数，称为前向直接关联指数和后向直接关联指数。前向直接关联指数反映各个产业每生产一单位产值对某产业产品的直接需求量（即某产业对各个产业的直接供给量）；后向直接关联指数反映某产业每生产一单位产值直接消耗的各个产业的产品总量。基于列昂惕夫逆矩阵计算的前向关联指数和后向关联指数，称为前向总关联指数和后向总关联指数。前向总关联指数反映各个产业每生产一单位最终需求对某产业产品的完全需要量（即某产业对各个产业的完全供给量）；后向总关联指数反映某产业每生产一单位最终需求对各个产业产品的完全需要量。本书主要基于前向直接关联指数和后向直接关联指数进行分析。

根据前后向关联指数的高低，可以判断产业部门在产业链中的位置。通常，前向关联指数高的产业主要生产继续投入生产环节的中间产品，前向关联指数低的产业主要生产退出或暂时退出生产环节而用于最终消费、资本积累或出口的最终产品；而后向关联指数高的产业生产加工度高的制造品，后向关联指数低的产业生产加工度低的初级品。因此，前后向关联指数都高的产业为中间制造品产业，通常位于产业链的中间；前向关联指数低而后向关联指数高的产业为最终制造品产业，通常靠近产业链的末端；前向关联指数高而后向关联指数低的产业为中间初级产品产业，通常靠近产业链的始端，前后向关联指数都低的产业为最终初级品产业。

3.感应度系数

感应度系数是反映当国民经济各部门均增加一个单位最终使用时，某一部门由此而受到的需求感应程度，也就是需要该部门为其他部门的生产而提供的产出量，是根据产业前向关联机制建立的。令 A_{ij} 为列昂惕夫逆矩阵 $(\boldsymbol{I}-\boldsymbol{A})^{-1}$ 中的第 i 行第 j 列的系数，则第 i 产业部门受其他产业部门影响的感应度系数 S_i 的计算公式为

$$S_i = \frac{\sum_{j=1}^{n} A_{ij}}{\frac{1}{n}\sum_{i=1}^{n}\sum_{j=1}^{n} A_{ij}}, (j = 1,2,\cdots,n) \tag{5-34}$$

式中：$\sum_{j=1}^{n} A_{ij}$ 为列昂惕夫逆矩阵的第 i 行之和；$\frac{1}{n}\sum_{i=1}^{n}\sum_{j=1}^{n} A_{ij}$ 为列昂惕夫逆矩阵的

行和的平均值。

感应度系数 S_i 越大，表示第 i 部门前向关联性较强，需求部门较多，受其他部门的感应程度较高。即当 $S_i>1$ 时，表示第 i 部门的生产受到的感应程度高于社会平均感应度水平（即各部门所受到的感应程度的平均值）；当 $S_i=1$ 时，表示第 i 部门的生产所受到的感应程度与社会平均感应度水平相当；当 $S_i<1$ 时，表示第 i 部门的生产所受到的感应程度低于社会平均感应度水平。

4.影响力系数

影响力系数是反映某一经济部门增加一个单位最终使用时，对国民经济各部门所产生的生产需求波及程度，是根据产业后向关联机制建立的。第 j 产业部门对其他产业部门的影响力系数 T_j 的计算公式为

$$T_i = \frac{\sum_{i=1}^{n} A_{ij}}{\frac{1}{n}\sum_{i=1}^{n}\sum_{j=1}^{n} A_{ij}},(j=1,2,\cdots,n) \tag{5-35}$$

式中：$\sum_{i=1}^{n} A_{ij}$ 为列昂惕夫逆矩阵的第 j 列之和；$\frac{1}{n}\sum_{i=1}^{n}\sum_{j=1}^{n} A_{ij}$ 为列昂惕夫逆矩阵的列和的平均值。

影响力系数 T_i 越大，表示第 j 部门后向关联性较强，投入部门较多，对其他部门的拉动作用越大。即当 $T_j>1$ 时，表示第 j 部门的生产对其他部门所产生的波及影响程度超过社会平均影响水平（即各部门所产生波及影响的平均值）；当 $T_i=1$ 时，表示第 j 部门的生产对其他部门所产生的波及影响程度与社会平均影响水平相当；当 $T_j<1$ 时，表示第 j 部门的生产对其他部门所产生的波及影响程度低于社会平均影响水平。

一般在工业化过程中，重工业都表现为感应度系数较高，而轻工业大都表现为影响力系数较高。有些产业的影响力系数和感应度系数都大于1，表明这些产业在经济发展中一般处于战略地位，是对经济增长速度最敏感的产业。

5.产业波及效果系数

根据影响力系数和感应度系数，可以计算出该产业的波及效果系数，其计算公式为

$$J = \frac{S+T}{2} \tag{5-36}$$

产业波及效果系数 J 实际上就是产业的感应度系数和影响力系数的算术平均值，J 越大，表明该产业与其他产业的关联性越强，其发展越能带动整个经济的发展。

6. 生产诱发系数

生产诱发系数是用于测算各产业部门每增加一单位的最终需求项目（如消费、投资、出口等）对生产的诱导作用程度。某产业的生产诱发系数是指该产业的各种最终需求项目的生产诱发额除以相应的最终需求项目的合计所得的商。令 Z_{iL} 为第 i 产业部门对最终需求 L 项目的生产诱发额，$\sum_{i=1}^{n} Y_{iL}$ 为各产业对最终需求 L 项目的总和，则第 i 产业部门对最终需求 L 项目的生产诱发系数 W_{iL} 的计算公式如下：

$$W_{iL} = \frac{Z_{iL}}{\sum_{i=1}^{n} Y_{jL}}, (i = 1,2,\cdots,n; L = 1,2,\cdots,m) \tag{5-37}$$

式中：$Z_{iL} = \sum_{j=1}^{n} A_{ij} \cdot Y_{jL} (i = 1,2,\cdots,n; L = 1,2,\cdots,m)$；$A_{ij}$ 为列昂惕夫逆矩阵 $(\boldsymbol{I}-\boldsymbol{A})^{-1}$ 中的第 i 行第 j 列的系数；Y_{jL} 为基本流量表中第 j 产业对 L 项目的最终需求；m 为最终需求项目 L 的个数，通常为 3，即消费、投资、出口。第 i 产业部门对最终需求项目 L 的生产诱发额 Z_{iL}，实际上就是列昂惕夫逆矩阵中第 i 行的数值与最终需求 L 列的数值的乘积。据此，可将各产业部门分为消费拉动型产业、投资拉动型产业和出口拉动型产业等。

7. 生产最终依赖度

最终依赖度是指某产业的生产对各最终需求项目（消费、投资、出口等）的依赖程度。这里既包括该产业生产对某最终需求项目的直接依赖，也包括间接依赖。将该产业各最终需求项目的生产诱发额除以该产业各最终需求项目的生产诱发额之和所得的商，便是该产业对各最终需求项目的依赖度，即依赖系数。令 Z_{iL} 为 i 产业部门最终需求项目 L 的生产诱发额，则第 i 产业部门生产对最终需求项目 L 的依赖度 Q_{iL} 的计算公式如下：

$$Q_{iL} = \frac{Z_{iL}}{\sum_{L=1}^{m} Z_{iL}}, (i = 1,2,\cdots,n; L = 1,2,\cdots,m) \tag{5-38}$$

通过计算每一个产业的生产对各最终需求项目的依赖度，可将各产业部门分为消费依赖型产业、投资依赖型产业和出口依赖型产业等。

8. 综合就业系数

某产业的综合就业系数是指该产业为进行一个单位的生产，在本产业部门和其他产业部门直接和间接需要的就业人数。显然，不同产业的综合就业系数是不一样的。其计算公式为

$$综合就业系数 = 就业系数 \times 逆矩阵中的相应系数 \tag{5-39}$$

式中:就业系数为某产业每单位产值所需的就业人数。

9.综合资本系数

某产业的综合资本系数是指该产业为进行一个单位的生产,在本产业部门和其他产业部门直接和间接需要的资本。其计算公式为

$$综合资本系数 = 资本系数 \times 逆矩阵中的相应系数 \tag{5-40}$$

式中:资本系数为某产业每个单位产值所需的资本。

从各产业的资本系数看,一般来说电力、运输、邮电通信、煤气供应等公共性产业和基础性产业的投资的资本系数都较大;在制造业中资本系数较高的产业多半是水泥、钢铁、化工、造纸等"装置型产业"。与综合就业系数的情况类似,一般在各个产业综合资本系数同资本系数的比较中可发现,其差距也是缩小的。

(二)海洋产业波及效应分析

由于目前没有专门为海洋部门编制的投入产出表,本节根据国民经济2007年135部门投入产出表,利用与主要海洋产业对应的国民经济行业部门的投入产出系数,来衡量主要海洋产业对国民经济行业部门的波及效应。

1.海洋产业与国民经济行业的直接关联效应分析

属于中间制造品产业的有:海洋矿业涉及的有色金属矿采选业,海洋盐业涉及的非金属矿及其他矿采选业,海洋生物医药业涉及的医药制造业,海洋交通运输业涉及的水上运输业和滨海旅游业涉及的住宿业。这些产业的前向关联指数和后向关联指数都较高,表明这些产业位于产业链的中间,对于下游产业的供给推动作用和上游产业的需求拉动作用都较强。

属于最终制造品产业的有:海洋渔业涉及的水产品加工业,海洋船舶工业涉及的船舶及浮动装置制造业,海洋工程建筑业涉及的建筑业和滨海旅游业涉及的旅游业。这些产业的前向关联指数较低而后向关联指数较高,表明这些产业靠近产业链的末端,对于下游产业的供给推动作用较弱,而对于上游产业的需求拉动作用较强。

属于中间初级品产业的有:海洋渔业涉及的渔业,海洋油气业涉及的石油和天然气开采业,海洋化工业涉及的基础化学原材料制造业和海洋电力业涉及的电力、热力的生产和供应业。这些产业的前向关联指数较高而后向关联指数较低,表明这些产业靠近产业链的始端,对于下游产业的供给推动作用较强,而对于上游产业的需求拉动作用较弱。

属于最终初级品产业的有:海水利用业涉及的水的生产和供应业。产业的前向关联指数和后向关联指数都较低,表明产业对于下游产业的供给推动作用和上游产业的需求拉动作用都较弱。

2.海洋产业感应度系数和影响力系数分析

感应度系数大于1的产业有:海洋油气业涉及的石油和天然气开采业,海洋矿

业涉及的有色金属矿采选业,海洋盐业涉及的非金属矿及其他矿采选业,海洋化工业涉及的基础化学原材料制造业,海洋电力业涉及的电力、热力的生产和供应业和海洋交通运输业涉及的水上运输业。说明当国民经济各部门对这些产业均增加一个单位最终使用时,某一部门由此而受到的需求感应程度高于社会平均感应度水平。

影响力系数大于 1 的产业有:海洋化工业涉及的基础化学原材料制造业,海洋电力业涉及的电力、热力的生产和供应业,海洋船舶工业涉及的船舶及浮动装置制造业和海洋工程建筑业涉及的建筑业。说明当这些产业增加一个单位最终使用时,对国民经济各部门所产生的生产需求波及程度高于社会平均影响力水平。

其中,感应度系数与影响力系数都大于 1 的产业有:海洋化工业涉及的基础化学原材料制造业和海洋电力业涉及的电力、热力的生产和供应业。表明这些产业在经济发展中处于战略地位,是对经济增长速度最敏感的产业。

从产业波及效果系数也可以看出,对国民经济行业波及效应显著的产业有:海洋油气业涉及的石油和天然气开采业,海洋矿业涉及的有色金属矿采选业,海洋盐业涉及的非金属矿及其他矿采选业,海洋化工业涉及的基础化学原材料制造业,海洋电力业涉及的电力、热力的生产和供应业,这些产业的波及效果系数均大于 1。

3.海洋产业生产诱发系数和最终依赖度分析

消费拉动型产业有:海洋渔业涉及的渔业,海洋电力业涉及的电力、热力的生产和供应业,海水利用业涉及的水的生产和供应业和滨海旅游业涉及的旅游业。表明对于这些产业而言,最终消费对生产的诱导作用较大。同时,这些产业的消费依赖度系数也较高,说明这些产业也属于消费依赖型产业。

投资拉动型产业有:海洋工程建筑业涉及的建筑业。表明对于该产业而言,投资对生产的诱导作用较大。同时,这些产业的生产最终依赖度也较高,说明这些产业对最终消费的依赖程度也较高。同时,这些产业的投资依赖度系数也较高,说明这些产业也属于投资依赖型产业。

出口拉动型产业有:海洋渔业涉及的水产品加工业,海洋油气业涉及的石油和天然气开采业,海洋矿业涉及的有色金属矿采选业,海洋盐业涉及的非金属矿及其他矿采选业,海洋化工业涉及的基础化学原材料制造业,海洋生物医药业涉及的医药制造业,海洋船舶工业涉及的船舶及浮动装置制造业,海洋交通运输业涉及的水上运输业和滨海旅游业涉及的住宿业。表明对于这些产业而言,出口对生产的诱导作用较大。同时,这些产业的出口依赖度系数也较高,说明这些产业也属于出口依赖型产业。

三、海洋产业关联与波及效应分析结论

海洋产业门类众多,本书从定量分析的视角,从海洋产业内部和海洋产业与陆域产业间两个角度,试图窥探海洋产业关联关系的端倪,得到的主要结论如下。

(一)海洋产业发展的协调性总体较高

具体来看,传统海洋产业如海洋交通运输业、滨海旅游业、海洋盐业、海洋船舶工业等与海洋经济发展的一致性较高;而新兴海洋产业如海水利用业、海洋电力业、海洋生物医药业等与海洋经济发展的一致性较低。支柱产业如滨海旅游业、海洋交通运输业、海洋渔业、海洋油气业与海洋经济发展的一致性较高;而其他非支柱产业与海洋经济发展的一致性较低。

(二)部分海洋产业与其他海洋产业关系密切,辐射带动作用较强

海洋油气业、海洋工程建筑业、滨海旅游业、海洋交通运输业、海洋渔业、海洋船舶工业与其他海洋产业关联关系较强,同时这些产业相互之间的关联关系也较强;而海洋盐业、海洋电力业、海洋生物医药业、海洋矿业与其他海洋产业关联关系较弱。

(三)海洋产业对国民经济行业的总体波及效应较大

其中,海洋油气业、海洋矿业、海洋盐业、海洋化工业、海洋电力的波及效应较大。

(四)位于产业链不同位置的海洋产业对国民经济行业的波及效应不同

海洋捕捞、海水养殖、海洋油气业、海洋化工业、海洋电力业靠近产业链的始端,对下游产业的供给推动作用较强;海洋矿业、海洋盐业、海洋生物医药业、海洋交通运输业、滨海住宿位于产业链的中间,对下游产业的供给推动作用和上游产业的需求拉动作用都较强;海洋水产品加工业、海洋船舶工业、海洋工程建筑业、滨海休闲旅游业靠近产业链的末端,对上游产业的需求拉动作用较强。

(五)不同海洋产业在国民经济中发挥的作用不同

当国民经济各部门均增加一个单位最终使用时,海洋油气业、海洋矿业、海洋盐业、海洋化工业、海洋电力、海洋交通运输业由此而受到的需求感应程度较高,对国民经济其他部门发展所起的支持、推动作用较大;当海洋化工业、海洋电力业、海洋船舶工业、海洋工程建筑业增加一个单位最终使用时,对国民经济各部门所产生的生产需求波及程度较高,对国民经济其他部门的需求拉动作用较大;其中,海洋化工业和海洋电力业的感应度系数和影响力系数都较高,在国民经济发展中处于战略地位,是对经济增长速度最敏感的产业。

(六)海洋经济的外向性程度很高

出口拉动型和出口依赖型的产业较多,包括:海洋渔业、海洋油气业、海洋矿业、

海洋盐业、海洋化工业、海洋生物医药业、海洋船舶工业、海洋交通运输业和滨海旅游业等，出口对这些产业生产的诱导作用较大，同时这些产业的生产也主要依赖出口；消费拉动型和消费依赖型的产业有海洋渔业、海洋电力业、海水利用业和滨海旅游业，最终消费对这些产业生产的诱导作用较大，同时生产也主要依赖消费；投资拉动型产业主要是海洋工程建筑业，投资对该产业生产的诱导作用较大，同时其生产也主要依赖消费。

（七）个别产业在海洋经济内部的作用较弱，而在国民经济中的地位则较高

海洋电力业和海洋化工业与其他海洋产业的关联度均较低，且由于生产空间的排他性，海洋电力业与滨海旅游业、海洋交通运输业、海洋渔业、海洋盐业和海洋矿业等的关联关系均较弱。而海洋化工业涉及的基础化学原材料制造业和海洋电力业涉及的电力、热力的生产和供应业在国民经济发展中处于战略性、基础性的地位，是对经济增长速度最敏感的产业。这主要是由于海洋电力业和海洋化工业规模较小，产业发展不成熟，目前对所涉及国民经济行业的贡献还比较小，尚未能发挥整个行业的基础性、战略性作用。

第三节 海洋主导产业的选择

主导产业是指在整体经济中占有重要比重、产业关联强、增长速度快、对其他产业发展有较强带动作用、在产业系统中处于主要支配地位的产业。主导产业可以是某一特定的产业，但它更多地表现为由若干个紧密联系或相关的具体产业组成的产业群。在经济发展的每一阶段都有与之相对应的主导产业。因此，主导产业随着经济发展阶段的不同而不同，它的选择具有序列更替性。

一、主导产业选择的定性方法

主导产业是由多方面因素共同决定的，包括产业的内部因素和资源、技术、政策、环境等外部条件。一般情况下，主导产业的选择依据下面几项基准。

（一）赫希曼基准

赫希曼认为对资本相对不足和国内市场相对狭小的发展中国家来说，应当首先发展那些产业关联度高、特别是后向关联度较高的产业，以此带动其他产业的发展。赫希曼根据发展中国家的经验指出，在产业关联链中必然存在一个与其前向产业和后向产业关联系数最高的产业，其发展对前、后向产业的发展有较大的促进作用。因此，将这个产业作为主导产业选择的优先对象。

（二）罗斯托基准

罗斯托把经济增长分为6个阶段，每个阶段都存在起主导作用的产业部门。主导部门不仅本身具有高增长率，而且能够带动其他部门的经济增长。与6个经济成长阶段相对应，罗斯托列出了6种“主导部门综合体系”：

①传统社会阶段科学技术水平和生产力水平低下，主导产业部门为农业部门；

②起飞预备阶段近代科学技术开始在工农业中发挥作用，主导产业体系是食品、饮料、烟草、砖瓦等产业部门；

③起飞阶段相当于产业革命时期，替代进口货物的消费品制造业高度发展，主导产业体系是非耐用消费品生产综合体系，如纺织业；

④成熟阶段现代科学技术已经有效地应用于生产，重型工业和制造业迅速崛起，主导产业体系是重型工业和制造业综合体系，如钢铁、煤炭、电力、通用机械、肥料等；

⑤高额群众消费阶段工业高度发达，主导产业体系移至耐用消费品和服务部门，主要是汽车工业综合体系；

⑥追求生活质量阶段的主导产业体系是生活质量部门综合体系，主要指服务业、建筑业等。

（三）筱原基准

1.收入弹性基准

收入弹性基准又称需求收入弹性基准。需求收入弹性高的产业，潜在市场容量较大，能够不断地扩大它的市场占有率。随着人均国民收入的增加，收入弹性较高的产品在产业结构中占据更大的份额，而这种产业往往代表着产业结构变动的方向和趋势。因此，可以将该类产业选为主导产业。

2.生产率上升率基准

技术进步快的产业，往往生产率上升率高，这就意味着投入减少、成本降低、收益增加的速度加快，该产业部门创造的国民收入的相对比重就会随之增加，并能在发展中带动其他相关产业的发展。因此，可以将该类产业选为主导产业。

这两个指标分别从产品的需求角度和社会生产的供给角度给出了主导产业的选取原则，二者缺一不可。从供给方面看，若仅有较高的生产率上升率，而缺乏较好的销售基础，那么，生产率上升率终将会受到抑制；反过来，从需求方面看，若一个产业仅具有较高的收入弹性，但由于受技术条件的制约，生产很难随着需求增长而扩大，该产业也不会成为未来的主导产业。

（四）过密环境基准和丰富劳动内容基准

过密环境基准是指在选择主导产业时，必须以环境污染少、能源消耗低、生态不失衡等为选择基准。该基准要求选择能提高能源利用效率、保护环境、防止和改善公害，并具有扩充社会资本能力的产业作为主导产业。它的着眼点是经济的长期发展和社会利益之间的协调关系，也就是经济社会的可持续发展。

丰富劳动内容基准要求在选择主导产业时首先考虑发展能为劳动者提供舒适、安全和稳定的劳动场所的产业。该标准的提出反映了经济发展的最终目的是提高社会成员的满足程度，但仅在经济发展水平较高的条件下才可能真正做到。

（五）相对比较优势度基准

相对比较优势度基准又称动态比较优势度基准，是指选择主导产业时，应尽可能选择更能发挥本国（区域）比较优势的产业，而且随着比较优势的变化进行调整。一般来讲，比较优势是各产业增加值比重、比较资本产出、比较劳动生产率、比较经济效率和综合经济效率等相对比的结果。只有当结果达到或超过某一标准时，该产业才可能成为主导产业。

（六）综合判定基准

理论上只有当某一产业大致符合上述基准时，才有可能成为主导产业。但实践中，很难找到同时符合每项基准的产业，因此一般在满足其中几个甚至一个基准的条件下，就可以将其作为主导产业的选择对象。同时，还要考虑包括产业状况、经济状态、技术、资金、资源等经济和非经济因素的影响约束。因此，通常使用综合判定基准全面考量主导产业的评判标准。

主导产业对区域发展目标的贡献可从 6 个方面进行评判：

①对相关产业的带动影响，指一个产业在产业体系中可通过前瞻效应、回顾效应和旁侧效应与相关产业发生联系，从而带动相关产业的数量增加和质量提高的作用；

②对区域资源的有效利用，指该产业利用区域内资源的数量和对资源进行深加工、提高利用效益的程度；

③对区域就业的作用，指该产业能为区域创造的就业机会的多少；

④增加价值，指该产业的经济活动的效果，增加价值等于该产业的总产值减去购买全部中间产品的消耗；

⑤出口潜力，指对该产业生产出口产品进入国际市场的前景、当前的供求状况及发展趋势进行预测，同时结合销售渠道、市场覆盖面、潜在竞争对手等因素进行判断；

⑥环境影响，指该产业对环境质量的影响程度的大小及治理该产业造成的环境问题的成本高低。

主导产业的竞争能力从 5 个方面进行评判：

①技术先进程度，指该产业装备技术的先进程度，包括工艺、装备在内的产品制

造技术水平；

②产品质量水平，指该产业产品质量与性能的优劣程度；

③劳动生产率，指在单位劳动时间内所生产的产品数量或单位产品所耗费的劳动量；

④市场占有率，主要从流通领域考察该产业产品在某一特定市场总销售量中的比重；

⑤利税效果，指根据销售产品的利润、税收与成本价格的比率进行判断。

二、主导产业选择的定量方法

对于主导产业的选择，仅有一般性的定性基准是不够的，还应该根据主导产业的特点和功能开展定量分析。一般方法是：首先建立选择主导产业的指标体系，然后根据各指标计算结果，采用加权平均法或其他方法汇总成一个综合指标；最后将综合指标位居前列的产业作为主导产业的备选产业。

（一）主导产业选择的指标体系

指标体系中应包括需求收入弹性、生产率上升率、产业规模、产业关联度、动态比较优势度等指标。具体操作时，还应同时考虑各指标的选择顺序。

1.需求收入弹性指标

对应于筱原基准的收入弹性基准，采用需求收入弹性指标，从需求角度考察有发展潜力、有带动作用的产业作为主导产业。具体计算方法见式(5-7)。

如果需求的收入弹性系数大于1，意味市场潜力较大、前景广阔，这为大批量生产和加快技术进步提供了先决条件。而产品的增加能够带来更多的收入、创造更大的需求，从而使社会获得更大的发展动力，进而带动整个经济的发展。

2.生产率上升率指标

对应于筱原基准的生产率上升率基准，采用生产率上升率指标，从供给角度考察技术进步迅速、成长性高的产业，并将其作为主导产业。具体计算方法见式(5-15)。

这里的生产率是指全要素生产率，用来反映技术进步的程度。全要素生产率上升率高的产业技术进步速度较快，单位产品生产费用较低，可吸引更多的资源流入，使得该产业的技术和资源更具优势，发展更快，从而带动相关产业的发展。

3.产业规模指标

产业规模包括4层含义：

①产业的绝对规模；

②产业的相对规模（即占全部产业的比重）；

③较高层次区域中相同产业的相对规模（即占较高层次区域相同产业的比重）；

④产业产品的输出规模。

只有上述四层含义的产业规模都较大的产业才能成为主导产业。产业规模的大小可采用“产业专门化率”指标来衡量，其计算公式为

$$B = \frac{g_1/g_2}{Q_1/Q_2} \tag{5-41}$$

式中：B 代表研究区域产业专门化率；g_1 和 g_2 分别代表研究区域某产业及其较高层次区域同产业的净产值；Q_1 和 Q_2 分别代表研究区域及其较高层次区域全部产业净产值。当 $B>1$ 时，说明该产业是研究区域的专门化部门，B 值越大，说明该产业在研究区域中的专门化程度越高，即集中程度越高，该产业的产品相对规模越大。当 $B<1$ 时，说明该产业不是研究区域的专门化部门。

4.产业关联度指标

主导产业作为经济系统的主体和核心，具有驱动功能。主导产业通过与非主导产业的关联组织带动其发展。测度产业关联度的指标主要有感应度系数、影响力系数和波及效果系数，具体计算方法见式(5-34)至式(5-36)。

5.动态比较优势度指标

主导产业的形成与发展必须以所依赖国家(区域)的比较优势为基础，比较优势的选择标准主要有以下5个。

(1)增加值比重。

$$\mathrm{WI}_i = \frac{G_i}{G} \times 100\% \tag{5-42}$$

式中：WI_i 表示 i 产业的增加值比重；G_i 表示 i 产业的增加值；G 表示 GDP。

一般而言，若 $\mathrm{WI}_i<15\%$，该产业只能是潜在的主导产业；只有 $\mathrm{WI}_i>15\%$ 的产业才有可能成为主导产业；当 $\mathrm{WI}_i>20\%$ 时，该产业很容易成为主导产业；当 $WI_i>30\%$ 时，如果不加以限制，该产业会自动成为主导产业。

(2)比较劳动生产率。

比较劳动生产率具体计算方法见式(5-14)。一般而言，当比较劳动生产率 $h_i<2$ 时，该产业只能作为潜在的主导产业；只有当 $h_i>2$ 时，该产业才有可能成为主导产业；当 $h_i>3$ 时，该产业很容易成为主导产业；当 $h_i>5$ 时，如果不加以限制，该产业会自动成为主导产业。

(3)比较资本产出率。

$$\mathrm{VI}_i = \frac{V_i}{V} = \frac{G_i/K_i}{G/K} \tag{5-43}$$

式中：VI_i 表示 i 产业的比较资本产出率；V_i 表示 i 产业的资本产出率；V 表示各

产业的平均资本产出率；G_i 表示产业的劳动生产率；G 表示平均劳动生产率；K_i 表示 i 产业的资本量；K 表示所有产业的资本总量。

一般而言，当 $VI_i<2$ 时，该产业只能作为潜在的主导产业；只有当 $VI_i>2$ 时，该产业才有可能成为主导产业；当 $VI_i>3$ 时，该产业很容易成为主导产业；当 $VI_i>5$ 时，如果不加以限制，该产业会自动成为主导产业。

(4)比较经济效率。

$$IE_i = \frac{E_i}{E} = \frac{R_i \times V_i}{R \times V} \tag{5-44}$$

式中：IE_i 表示 i 产业的比较经济效率；E_i 表示 i 产业的经济效率；E 表示产业总的经济效率；R 表示劳动生产率；V 表示资本产出率；R_i 表示 i 产业的劳动生产率；V_i 表示 i 产业的资本产出率。在选择主导产业时，使用比较经济效率指标效果会更好。一般而言，$IE_i>2$ 且指标值越大越有可能成为主导产业。

(5)综合经济效率。

$$E_i = R_i \times V_i = \frac{G_i \times L_i}{G_i \times K_i} \tag{5-45}$$

式中：E_i 表示 i 产业综合经济效率；R_i 表示 i 产业的劳动生产率；V_i 表示 i 产业的资本产出率；G_i 表示 i 产业的劳动生产率；L_i 表示 i 产业的劳动力从业人数；K_i 表示 i 产业的资本量。综合经济效率指标越大，越可能成为主导产业。

(二)主导产业选择的方法

主导产业的选择是一个多目标、多准则的决策问题，因此常常采用多目标综合评价法对主导产业进行选择。应用于主导产业选择的综合评价方法有很多，其中比较有代表性的方法包括层次分析法、灰色聚类定权法、主成分分析法、因子分析法、模糊评价法和熵值法等。

层次分析法、灰色聚类定权法、模糊评价法属于主观赋权法。其中，层次分析的递阶层次结构、定量与定性相结合的分析思路很好地符合了主导产业决策问题的特征；灰色聚类定权法考虑了评价对象的灰色特征，符合主导产业指标体系的特点；模糊评价法以模糊数学为基础，不仅可以对评价对象进行评价和排序，还可以按隶属度评定对象所属的等级。但是主观赋权法过分依赖决策者的主观认识和偏好，在一定程度上削弱了决策结果的客观性，令人无法信服。

主成分分析、因子分析和熵值法属于客观赋权法。其中主成分分析和因子分析属于多元统计分析方法，从事物内部结构或指标间的相关关系出发，利用降维思想，用较少的新变量代替较多的原变量。但是，其相关性原理可能导致某些重要信息因为与其他信息的相关性较弱而被遗漏。熵值法根据各指标所含信息有序度的差异性，即信息的效用价值来确定该指标的权重。但是缺乏各指标间的横向比较，对样本数据的容量要求较高，在应用上常常受到数据的限制。相对而言，客观赋权法通过计算的方式赋权，排除了主观因素的影响，提供了客观的衡量标准，可信度较高。

三、海洋主导产业选择的实证分析

(一)建立评价指标体系

海洋主导产业选择指标体系涉及经济增长、产业关联、科技创新、就业拉动、资源环境、产业结构等方面，指标数量庞大，且部分指标无法量化。本节将指标体系分为客观评价指标和主观识别指标两部分，分别对海洋产业发展状况和发展潜力进行评价。

1.海洋产业发展现状评价指标

根据产业生命周期理论，海洋主导产业处于幼稚期到成熟期之间的成长期，海洋主导产业必须具备一定的产业发展基础，根据海洋主导产业的界定条件，构建海洋主导产业发展现状评价指标体系。根据数据的可获得性，将上述定性指标与定量指标进行筛选，构建了如下海洋主导产业发展现状的评价指标体系。

(1)简单指标。

简单指标是指可直接从相关统计资料中获得，或借助公式简单计算而成的指标，包括产业规模基准(产业相对规模)、需求基准(需求收入弹性)、就业基准(就业弹性)、资源消耗基准(单位产值的能源消耗)4 个指标。

(2)复合指标。

复合指标是指借助经济模型或统计方法，经过复杂计算的指标，包括效率基准(科技进步贡献率)、产业关联基准(偏相关系数)、海陆协调发展基准(海陆产业关联度)3 个指标。

2.海洋产业发展潜力评价指标

海洋主导产业评价不应仅考虑某一时点上的产业发展状况，更应该注重以现在为起点向未来延续的时间段上的产业潜力评价。海洋主导产业必须具有强劲的发展潜力，但不能完全用某一个或某一些指标简单描述。根据主导产业特性，选择促进海洋经济产业结构优化的能力、吸收先进科技创新潜力、海洋资源可持续使用状况 3 个指标为主观评价指标。

(二)计算各行业的综合得分

1.数据搜集和指标赋值

使用 2001—2009 年主要海洋产业增加值进行评价。原始数据来源于《中国海洋统计年鉴》《中国能源统计年鉴》和《中国固定资产投资年鉴》。由于缺乏海洋产业投资和海洋产业能源消费量数据，此处按照《海洋及相关产业分类》(GB/T 20794—2006)附件中海洋及相关产业与国民经济行业的对照关系，将海洋产业按小类归入国民经济行业，分别以国民经济行业小类城镇投资的年增长率和单位增加值能源消费量代替海洋产业投资增长率和单位产值能源消费量。

为避免指标在某一时期出现的异常值对评价结果产生较大偏差，在评价指标赋值时，选取各年指标计算结果的均值作为海洋主导产业评价指标值。

2.海洋产业发展现状评价得分

应用层次分析和SPSS软件，对海洋产业发展现状指标体系进行层次分析和主成分分析，确定指标的主观和客观赋权权重。然后将主、客观赋权结果，代入组合赋权方法，设定主、客观权重的偏好程度都为0.5，得到海洋产业发展现状评价指标组合权重。

将不同量纲的评价指标进行标准化处理，得到具有可加性的无量纲指标矩阵。然后，结合海洋产业发展基础评价指标组合权重，计算备选海洋产业的评价得分。得分结果显示，发展基础较好的海洋产业有：滨海旅游业、海洋渔业和海洋交通运输业。

3.海洋产业发展潜力评价得分

选择层次分析法进行海洋产业发展潜力评价，通过构建以主导产业选择为目标层，海洋产业发展潜力主观评价指标为准则层，备选海洋产业为方案层的多层次分析结构，得到评分结果，结果显示潜力较强的海洋产业有：海水利用与海洋电力业、海洋生物医药业、海洋工程建筑业、海洋交通运输业和滨海旅游业。

(三)海洋主导产业综合选择

根据综合评价结果，产业发展基础得分在0.6以上且潜力得分大于0.07的产业有滨海旅游业、海洋渔业和海洋交通运输业。这些产业在现阶段已具备一定的产业发展基础，处于快速成长期，并在未来的发展中拥有对海洋经济产业结构优化升级和可持续发展的强大带动力，符合海洋主导产业选择标准，适合作为海洋经济发展的主导产业。

此外，海水利用与海洋电力业、海洋生物医药业作为新兴海洋产业，虽然发展基础有所欠缺，但是其发展潜力巨大，逐渐表现出迅猛的增长态势，在我国海洋经济发展中的地位将日益提高。

第四节　海洋产业布局分析

产业布局是指各产业部门在空间地域上的分布和组合状态。产业布局是生产力在地域空间上的配置，通过生产力在空间内的最优配置，在可持续发展的前提下，最大限度地发挥空间功能价值和整体效益是进行产业合理布局的最终目的，也是判断产业布局是否合理的根本标准。产业布局是国家基于国民经济整体发展所做出的关于产业发展的长期经济发展战略部署，在整个国民经济发展战略体系中占有重要地位，是政府对各地区产业开发的对象、规模和时序等做出的安排，同时也是各地区基于自身的资源禀赋状况和社会经济条件对各种利益，包括区域间利益、部门间利益和长短期利益进行博弈的结果。

一、产业布局相关理论

（一）区位理论

1.古典区位理论

古典区位理论包括杜能的农业区位论和韦伯的工业区位论。杜能的农业区位论指在农业布局上，什么地方适合种什么作物并不完全由自然条件决定，农业经营方式也不是任何地方越集中越好。在确定农业活动最佳配置点时，要把运输因素考虑进去。韦伯的工业区位论指工业布局主要受运费、劳动力费用和聚集力三个因素的影响，其中运费对工业布局起决定作用，工业部门生产成本的地区差别主要是由运费造成的。

2.近代区位理论

近代区位理论包括费特的贸易区位理论，即运输费用和生产费用决定企业竞争力的强弱，这种费用的高低与产业区域大小成反比。以克氏理论为理论分析框架的廖什（A. Losvh）市场区位理论认为：产业布局必须充分考虑市场因素，尽量把企业安排在利润最大的区位，这就要考虑到市场划分与市场网络结构的合理安排。

3.现代区位理论

现代区位理论主要包括成本—市场学派和行为学派，成本—市场学派以成本与市场的相依关系作为理论核心，以最大利润原则为确定区位的基本条件。行为学派确立以人为主体的发展目标，主张现代企业管理的发展、交通工具的现代化、人的地位和作用是区位分析的重要因素，运输成本则降为次要因素。另外，现代区位理论还包括社会学派、历史学派和计量学派等。

（二）增长极理论

在一国经济增长过程中，由于某些主导部门或者具有创新力的企业或行业在某些特定区域或者城市聚集，形成一种资本和技术高度集中、增长迅速并且对邻近地区经济发展具有强大辐射作用的区域，被称为增长极。根据这一理论，后起国在进行产业布局时，可首先通过政府计划和重点吸引投资的形式，有选择地在特定地区或城市形成增长极，使其充分实现规模经济并确立在国家经济发展中的优势和中心地位；然后凭借市场机制的引导，使得增长极的经济辐射作用得到充分发挥，并从其邻近地区开始，逐步带动增长极以外地区经济的共同发展。具体内容详见第四章第四节。

（三）点轴理论

随着经济的发展、工业点的增多，点与点之间经济联系的加强，必然会建设各种形式的交通通信线路使之相联系，这一线路即为轴。这些轴线首先是为点服务而产生的，但它一经形成，对人口和产业就具有极大的吸引力，吸引企业和人口向轴线两侧聚集，并产生新的点。点轴理论就是指根据区域经济由点及轴发展的空间运行规律，合理选择增长极和各种交通轴线，并使产业有效地向增长极及轴线两侧集中布局，从而由点带轴，以轴带面，最终促进整个区域经济发展。具体内容详见第四章第四节。

（四）地理二元经济理论

在经济发展过程中，发达地区要素报酬率较高，投资风险较低，因此，吸引大量劳动力、资金、技术等生产要素和重要物质资源等，由不发达地区流向发达地区，从而在一定时期内使发达地区与不发达地区的差距越来越大，形成二元经济结构。另一方面，产业集中的规模经济效益不是无限的，超过一定限度之后，往往会出现规模报酬递减现象。这样，发达地区会通过资金、技术乃至人力资源向其他地区逐步扩散，以寻求新的发展空间。与此同时，发达地区经济增长速度的减慢，会相应增加不发达地区经济增长的机会，特别是不发达地区产品和资源的市场需求会相应增加。具体内容详见第四章第四节。

二、产业布局评估的指标与方法

产业布局的评估是建立在一定的评估指标基础上的，通过对一系列产业评估指标的测算，得到各产业的组合指数，从而根据不同产业指数的排序来合理构建产业布局。产业布局评估指标与方法主要包括区位熵、集中系数、地理联系系数、集中指数和成本—利益分析方法等。

（一）区位熵

在进行产业布局时，首先应根据各地区的比较优势，确定能够发挥区域优势、具有地区分工作用、能够为区外服务的专门化产业。一般情况下，如果一个地区在它具有比较优势的产业方面形成了专业化部门而且具有较高的专业化水平，则说明这个地区的产业布局发挥了当地的比较优势。

区位熵是区域产业比重与全国该产业比重之比，它是从产业比重的角度反映产

业专业化程度的指标。区位熵 LQ_{ij} 的计算公式为

$$LQ_{ij} = \frac{e_{ij}/e_{nj}}{E_{in}/E_{nn}} \tag{5-46}$$

式中：e_{ij} 表示第 j 经济区 i 产业的经济水平（如产值、就业等）；e_{nj} 为第 j 经济区所有产业的总体经济水平；E_{in} 为全国 i 产业的经济水平；E_{nn} 为全国总体经济水平。

如果 $LQ_{ij}>1$，说明 i 产业是 j 经济区的专业化产业。LQ_{ij} 值越大，则该产业的专门化程度越高，如果 L_{ij} 值在 2 以上，说明该产业具有较强的区域外向性。

区位熵是个相对指标，不能完全反映各产业的地位，进行区位熵分析时必须妥善处理好产业部门划分问题与经济水平衡量指标问题等。

（二）集中系数

集中系数是区域产业的人均产值（或产量）与全国相应产业的人均产值（或产量）之比，它是从人均产值的角度反映产业专业化程度的指标。集中系数 CC_{ij} 的计算公式为

$$CC_{ij} = \frac{e_{ij}/P_j}{E_{in}/P_n} \tag{5-47}$$

式中：e_{ij} 表示第 j 经济区 i 产业的经济水平（如产值、就业等）；P_j 为 j 经济区的人口数；E_{in} 为全国 i 产业的经济水平；p_n 为全国总人口数。

（三）地理联系系数

地理联系系数反映两个产业在地理分布上的联系情况。地理联系系数 GA 的计算公式为

$$GA = 100\frac{1}{2}\sum_{i=1}^{n}|S_i - H_i| \tag{5-48}$$

式中：S_i 为 i 地区某一产业占全国的百分比；H_i 为 i 地区另一产业占全国的百分比。地理联系系数 GA 的取值范围为 $0<GA<100$，如果两个产业在地理上的分布比较一致，联系比较密切，则该系数值就较大。

（四）集中指数

集中指数说明某种经济活动在空间上的集中程度。集中指数 I_c 的计算公式为

$$I_c = 100\frac{H_i}{P_n} \times 100 \tag{5-49}$$

式中：P_n 为全国总人口数；H_i 为某经济活动半径所在地域的人口数。集中指数 I_c 的取值范围为 $50<I_c<100$。I_c 越大，说明经济活动越集中。

（五）成本—利益分析方法

成本—利益分析方法是论证生产项目空间布局的基本方法。其原理是：从全社

会的角度出发，以货币为统一的计量标准，分析所要研究的生产项目的长期成本和利益，并对两者进行对比，以评价各种布局方案的优劣程度。成本—利益分析包括三个方面的内容：明确项目的成本与利益应包括哪些方面；定量计算成本与利益并进行比较；根据一定的标准评价各方案。成本—利益分析方法的计算公式为

$$C = \mathrm{CD} + \mathrm{CI} = \sum_{i=1}^{m} \mathrm{CD}_i + \sum_{j=1}^{p} \mathrm{CI}_j \tag{5-50}$$

$$B = \mathrm{BD} + \mathrm{BI} = \sum_{i=1}^{m} \mathrm{BD}_i + \sum_{j=1}^{p} \mathrm{BI}_j \tag{5-51}$$

式中：C 为假设成本；CD 为直接成本；CI 为间接成本；B 为利益；BD 为直接利益；BI 为间接利益。直接成本与利益有 m 项，间接成本与利益有 p 项。

货币是有时间价值的，因此，将后续的成本与利益的未来价值转换为现值。令发生在第 i 年的成本为 C_i，利益为 B_i，贴现率为 r，则总现值成本 C_r 与总现值利益 B_r 的计算公式为

$$C_r = C_0 + \frac{C_1}{1+r} + \frac{C_2}{(1+r)^2} + \cdots + \frac{C_n}{(1+r)^n} = \sum_{i=0}^{n} \frac{C_i}{(1+r)^i} \tag{5-52}$$

$$B_r = B_0 + \frac{B_1}{1+r} + \frac{B_2}{(1+r)^2} + \cdots + \frac{B_n}{(1+r)^n} = \sum_{i=0}^{n} \frac{B_i}{(1+r)^i} \tag{5-53}$$

对比成本与利益，若 $B_r > C_r$，则采纳，否则不采纳。

三、海洋产业布局的演化过程

产业在地域空间内的布局不是一成不变的，具体表现为产业的集聚与扩散两种行为过程，产业集聚与产业扩散是两个截然相反的范畴。作为陆地产业向海洋产业的延伸，海洋产业与陆地产业在布局上存在一些共性，主要表现在：

①都遵循产业集聚与扩散规律；

②都存在产业地域分工现象。不同之处在于，海洋产业的集聚与扩散只能在与陆地产业的相互作用中完成。这是因为，海洋产业内部关联性较弱，海洋产业自身不能构成一个相对独立的产业系统，从而丧失了自我演化的内在机制。实际上，多数海洋产业均是以陆地作为集聚与扩散中心，在与陆地产业的相互作用中实现布局形态的演化。在产业集聚与扩散规律作用下，海洋产业布局形态的演化大致经历了均匀分布、点状分布、“点—轴”分布三个阶段。

（一）均匀分布阶段

现代以前，海洋产业一直局限于“渔盐之利，舟楫之便”这种产业形式。由于技术水平不高，这一时期的海洋产业布局受自然资源和自然环境制约强烈，加之产品不能满足市场需求，海洋产业布局的主要任务是扩大产业生产能力。因此，这一时

期海洋产业基本处于自由发展状态,在布局上主要表现为以区域自然环境和资源为导向,以技术扩散为纽带所展开的产业活动空间沿海岸线不断扩展,总体上呈均匀分布特征。虽然这一时期在局部地区也存在一些以小城镇为代表的集聚经济形式,但多是基于军事目的或作为沿海渔民与陆地农民产品交换的场所,兼有海陆色彩。

(二)点状分布阶段

其基本特征是沿海小城镇的快速发展。沿海小城镇是海洋生产要素和产业高度集聚形成的空间实体,是海洋产业集聚性的集中体现。随着海洋经济的不断发展,海洋产业形式不断增多,海洋产业的集聚性不断增强,相关海洋生产要素和产业不断向特定区域空间集聚,从而形成了一批海洋产业特色鲜明的沿海小城镇。这些小城镇便是海洋产业布局中的点,它们在一定程度上起着组织区域海洋经济发展的作用。根据产业特征差异,沿海小城镇的发展又可以分为两个阶段:一是数量扩张阶段。这同时也是城镇规模不断扩大,形式、功能不断多样化的阶段。二是功能分化阶段,即沿海城镇体系逐渐形成阶段。城镇体系是在一定地域范围内由具有紧密联系的不同规模、种类、职能的城市所构成的城市群系统。沿海城镇体系的形成是海陆产业融合和沿海城镇内部竞争的结果。基于海陆产业的内部关联和交互作用,部分产业竞争力较强的沿海小城镇在发展过程中会不断吸纳陆地产业向海陆产业混合型小城镇转变,并逐步发展成区域性的海洋经济中心城市。而另一些小城镇则沦为这些经济中心城市的依托腹地,中心与腹地之间的联系不断增强,分工也逐渐明确。沿海城镇体系是区域城镇体系的重要组成部分,在区域城镇空间结构的演化中发挥着重要作用。海洋经济中心城市是海陆产业相互作用的结点,通常它们同时也是陆地区域经济中心,在集聚和扩散作用下它们不仅向陆域释放和吸收能量,同时也向海域传导,由于它们具备海洋科技进步快、海洋产业高级化并对周围地区具有较强的辐射、带动功能等特征,从而成为一定区域海洋经济的增长极。在产业发展上,增长极是产业发展的组织中心;在空间上,增长极是支配经济活动空间分布与组合的重心。海洋经济增长极一经形成,就会成为区域海洋经济乃至整个区域经济增长的极核,在吸引周边地区资源促进自身发展的同时,通过支配效应、扩散效应带动周围地区经济增长。

(三)"点—轴"分布阶段

与陆地产业相同,海洋产业的过度集聚也会产生集聚不经济,因而也会引起海洋经济中心产业的扩散。随着沿海城镇体系的发育,不同海洋经济中心之间、海洋经济中心与陆地区域中心之间、海洋经济中心与其依托腹地之间的经济联系都会不断增强,物质、人口、信息、资金流动日益频繁,这促进了连接它们的各种线形基础设施线路的形成,而这些线路一旦形成,便会成为承接海洋产业集聚和海洋经济中心产业扩散的重要载体,不断吸引人口和产业向沿线集聚,从而促使海洋产业布局形态逐步由点状分布向"点—轴"分布转变。从吸引的产业类型看,这些线路不仅对陆地产业具有吸引力,而且对海洋产业也具有强烈的吸引力。因此,它们既是区域陆地产业布局的发展"轴",也是区域海洋产业布局的发展"轴"。各种线状的基础设施线路并不是承接海洋经济中心产业扩散的唯一载体,中心城市郊区、次级中心城市及卫星城镇也是海洋经济中心产业扩散的重要去向。伴随着海洋经济中心城市部分产业的外迁,一些辐射范围更广、集约度和附加值更高的海洋产业项目会逐渐取代这些产业成为海洋经济中心城市的主导产业,使海洋经济中心城市的产业结构得到升级,而从中心迁出的产业在中心城市郊区、次级中心城市、卫星城镇及基础设施线路附近的集聚则会促进中心外围地区的发展。因此,从空间角度看,"点—轴"形态形成和发展的过程是区域海洋经济空间结构调整和优化的过程;而从产业结构和区域发展角度看,这一过程也是次级中心城市和卫星城镇发展、海洋经济中心城市产业升级的过程。

综上分析可以看出,均匀分布到点状分布,再到"点—轴"分布是海洋产业布局演化的一般过程,在这一过程中,产业集聚与扩散规律始终发挥着主导作用。海洋产业布局的演化过程也是海洋产业分工不断深化的过程。随着海洋产业布局形态逐渐由均匀分布向"点—轴"分布转变,沿海地区间的海洋产业联系日益紧密,海洋产业的开放度和有序度不断提高,海洋产业系统的自我组织和自我调节能力也不断增强。"点—轴"分布并不是海洋产业布局演化过程的终止,而是一种新型产业演化形式的开端,这种形式以各节点间产业利益的再分配、产业区位的再选择和产业空间结构的再调整为主要内容,其实质仍然是海洋产业分工的进一步深化。与此同时,各节点间相对地位的变化及区域海洋经济格局的重构将成为普遍现象。

第五节 海洋产业集聚分析

产业集聚是产业布局的重要内容,是社会经济活动发展的结果,也是地区政府寻求区域综合竞争优势的重要途径。争取最大限度地发挥资源优势,并且提高产业要素配置效率,推进产业集聚发展是区域发展的必然过程。产业集聚的核心是通过生产要素向最适宜从事经济活动的区块集中,以空间布局的合理集聚来推动经济的发展进程。

一、产业集聚相关理论

产业集群理论虽然在马歇尔和韦伯时期就已经产生,但长期游离于主流经济学之外。波特和克鲁格曼的产业集群理论,标志着产业集群理论的形成,引起了西方经济学、产业经济学和区域经济学界的广泛关注。

(一)波特竞争钻石理论

一个国家(地区)产业的竞争力主要取决于四个方面的因素,即生产要素条件,需求条件,相关支撑产业,厂商结构、战略与竞争。国家竞争优势的四个方面相互联系,互相制约,构成一个"钻石"结构。国家竞争优势的关键在于产业的竞争,而产业的发展往往在国内几个区域内形成有竞争力的产业集群。形成集群的区域通常从3个方面影响竞争:

①提高区域企业的生产率;

②指明创新方向和提高创新速率;

③促进新企业的建立,从而扩大和加强集群本身。波特还指出,产业集群一旦形成,就会触发自我强化过程,而新的产业集群最好是从既有的集群中萌芽。

(二)克鲁格曼产业集聚理论

克鲁格曼认为经济活动的聚集与规模经济有紧密联系,能够导致收益递增。企业和产业一般倾向于在特定区位空间集中,不同群体和个体的相关活动又倾向于集结在不同的地方,空间差异在某种程度上与专业化有关。这种同时存在的空间产业集聚和区域专业化,是区域经济分析中报酬递增原则的基础。当企业和劳动力集聚在一起以获得更高的要素回报时,本地化的规模报酬递增为产业集群的形成提供了理论基础。本地化的报酬递增和空间距离带来的交易成本下降,被用来解释现实中观察到的各种等级化的空间产业格局的发展。

二、产业集聚效应

(一)规模经济效应

规模经济效应包括内部规模经济和外部规模经济。内部规模经济的"产业集聚"具有高度的专业分工和高度的产业集中。专业分工程度很高的企业集中在一个地区,便于组织管理。由于存在群体效应,多个企业的管理成本和经营成本都要大大低于单个企业的管理经营成本。外部规模经济一方面指产业集聚区内可以采用团购的方式,节约管理和经营成本,有利于获得规模经济;另一方面指规模经济会反过来刺激专业性配套设施和相关服务的发展。聚集区内的企业在筹集资金、吸引人才、购买原材料、零部件或半成品等方面都具有优势,可以更充分地开发和利用各种生产要素,包括一些副产品。同时优势互补,使用共同技术、共享信息、管理经验等共同发展。

（二）公共资源协同效应

区域性公共基础设施（如邮电通信设施、医疗保健、文化娱乐设施等）、政府公共供给品（如政府的产业政策、质量检测等）以及公共服务供给（如金融、广告、会计等中介性服务产品）是企业生存和发展的基础。由于上述资源的使用具有显著的外部经济效益，分散的单个企业单独使用可能需要承担巨额的投入资金，或者使用成本太高而无法承受，而产业集聚则能克服单个企业在公共资源使用上的不经济现象，实现公共资源使用的有效性，并取得良好的协同效应。

（三）知识溢出效应

显性知识的扩散主要通过大众媒介，隐性知识的扩散必须通过面对面的交流，因此，显性知识的传播成本与距离成正比，而隐性知识的传播成本是距离的衰减函数，所以知识溢出在空间范围上是受限的。大量的专业信息在产业聚集区内进行交流，各种专业技术在产业聚集区内各相邻企业间通过人员流动、人际关系、组织联系等方式高效、迅速地流动，降低了空间交易成本，让聚集区内各个企业受益于这种知识溢出，同时加速了技术创新，形成良性循环。因此，可以使企业生产效率得到提高，新技术知识的利用率和更新速度也得到提高。

（四）人才聚集效应

产业聚集区内聚集了大量的专业性人才，具有巨大的人才优势，集聚区也就成为知识生产机构的人才密集地。另外，如高等院校等组织间有着各种各样的密切联系，提供了各种专门人才交流互动的平台，即使不是专门研发人员，仍然可以通过参加项目来融入企业的技术创新活动。而且，在产业聚集区内存在着大量企业、科研机构、高等学校等机构，在产业聚集区内专业性人才可以相互流动；同时，大量的企业为这些人才提供了很多就业机会，使得这些人才更愿意在此工作，这就为聚集区内人才供给提供了足够的保障。

（五）学习追赶效应和创新效应

在产业聚集区内，各方面的竞争优势差异很小，成员之间的竞争程度远远大于分散的个体，因此，通过技术创新来获得竞争优势是每个企业的必然选择，但由于知识溢出效应，这种创新技术很容易被区内其他企业获得，因此持续不断的创新是每个企业的绝对性压力。这是一种具有效率性和灵活性的企业组织形式，提高了创新的效率。

（六）延伸产业的相关支持

相关延伸产业可以为产业提供专门化服务，与区外企业相比能够降低经营成本，使得企业具有更大的竞争优势。相关延伸企业在此聚集形成了相关延伸企业聚集，这既有利于产业的发展，也利于整个聚集区的持续健康发展。上下游产业链主要包括专业的销售与技术服务业、物流业、金融业、信息咨询等中介服务业。这些产业提供了一个完整的服务体系，吸引了产业在此集聚。

三、产业集聚分析的指标和方法

集聚效应的测量是产业集群经济效应量化分析的内容，测度产业集聚效应的指标和方法主要包括：不变替代弹性（CES）生产函数法、行业集中度法、赫芬达尔—赫希曼指数法、哈莱—克依指数法、空间基尼系数法、产业地理集中指数法、熵指数法和地点系数法等。

（一）CES 生产函数法

集聚效应的有效途径是规模经济所反映的要素投入与产出之间的关系。不变替代弹性（CES）生产函数法的特点是不需要资本数据，未假设不变规模收益，当假设利润最大化时，资本密集性间接被工资率控制。德瑞米斯（Dhrymes）于 1965 年根据不变替代弹性生产函数推导出规模系数 h，其计算公式为

$$h = \frac{1 + \gamma}{1 + \beta} \tag{5-54}$$

规模系数 h 用来衡量集聚效应的大小，可以通过 CES 形式的函数 $W=AQ^{\beta}L^{\gamma}$ 求解。其中 W 为工资；Q 为产量；L 为劳动力；β 是产出的工资弹性；γ 是劳动力的收入弹性。当 $h \geqslant 1$ 时，表明整体经济或行业具有集聚效应，h 值越高，表明产业集聚效应越大；当 $h<1$ 时，表明整体经济或行业没有集聚效应。

（二）行业集中度法

行业集中度是衡量某一市场竞争程度的重要指标。行业集中度是指某一产业规模最大的 n 家企业的有关指标（如生产额、销售额、职工人数、资产总额等）占整个市场或行业的份额，其计算公式为

$$\mathrm{CR}_n = \frac{\sum_{i=1}^{n} X_i}{\sum_{i=1}^{N} X_i} \tag{5-55}$$

式中：X_i 代表 X 产业中第 i 位企业的生产额、销售额或职工人数等，N 代表 X 产业的全部企业数；CR_n 代表 X 产业中规模最大的前 n 位企业的市场集中度。该方法的优点在于能够形象地反映产业市场集中水平，测定产业内主要企业在市场上的垄断与竞争程度，计算时只需将前几位企业市场占有率累加即可。局限性体现在：

①行业集中度同时受到企业总数和企业市场分布两个因素影响，而指标仅考虑前几家企业的信息，未能综合全面考虑这两个因素的变化；

②行业集中度指标因选取主要企业数目不同而反映的集中水平不同，使得该指

标的数值存在不确定性,从而影响了横向对比。

(三)赫芬达尔—赫希曼指数(H 指数)法

H 指数最初应用于行业组织理论,主要针对微观企业,通过计算市场集中度来对某一行业的垄断情况进行考察。此后学者们对此进行了拓展,使用该指数衡量行业的地理集中情况,行业 i 的赫芬达尔—赫希曼指数 H_i 的计算公式为

$$H_i = \sum_{j=1}^{N}\left(\frac{X_j}{X}\right)^2,(i = 1,2,3,\cdots,n) \tag{5-56}$$

式中:N 为地区个数;X_j 为地区 j 行业 i 的经济活动水平,X 为全国范围内该行业的经济活动水平。设企业平均规模大小为 $\overline{X} = \frac{1}{N}\sum_{j=1}^{N}X_j$,则标准差 $\sigma = \sqrt{\frac{1}{N}\sum_{j=1}^{N}(X_j - \overline{X})^2}$,企业的规模变异系数为 $c=\frac{\sigma}{\overline{X}}$,称为企业规模大小变化系数,存在 $c^2 = \frac{1}{N}\sum_{j=1}^{N}\frac{X_j^2}{\overline{X}^2} - 1$,故 H 指数又可修正为 $H_i=\frac{c^2+1}{N}$。

H 指数的取值范围为[0,1],H 指数越大,产业集聚度越高。如果某行业的经济活动全部集中于某一个地区,则 H 指数取最大值 1;如果某行业经济活动的空间分布非常均匀,则该指数会较小,随着地区个数 N 的增大,H 指数趋向于 0。通常情况下,$H_i<0.10$ 表示 i 产业为竞争型产业;$0.10\leqslant H_i<0.18$ 表示 i 产业为低寡占型产业;$H_i\geqslant 0.18$ 表示 i 产业为高寡占型产业。

H 指数弥补了行业集中度指标的不足,考虑了企业的总数和规模两个因素的影响,因而能准确反映产业或企业市场集中程度。无论产业内发生任何销量传递,H 指数都可以反映出来;但是 H 指数也会夸大大企业对集中水平的作用,而低估小企业的作用。

(四)哈莱—克依指数(HK 指数)法

哈莱和克依在 H 指数的基础上运用复杂的数学方法提出测度产业集聚水平更为一般的指数簇,其定义可用公式表示为

$$R = \frac{N}{j=1}S_j^{\alpha},(\alpha > 0) \tag{5-57}$$

计算公式为

$$\mathrm{HK} = R^{\frac{1}{1-\alpha}} = \left(\sum_{j=1}^{N}S_j^{\alpha}\right)^{\frac{1}{1-\alpha}},(\alpha > 0,\alpha \neq 1) \tag{5-58}$$

式中:HK 值所代表的意义与一般情况相反,即 HK 值越大,表明聚集水平越低;HK 值越小,表明聚集水平越高。

哈莱—克依指数是结合产业经济学中的集中曲线提出的,横轴是产业内企业累计数(按从大到小排列),纵轴是企业市场份额累计值,曲线向上凸起程度表明产业内企业大小分布的不均衡程度,曲线与100%水平线的交点表明产业内企业的多少。H 指数只不过是 R 在 $\alpha=2$ 时 HK 指数的一个特例,R 值的“企业当量数”为 $R^{\frac{1}{1-\alpha}}$。

(五)空间基尼系数法

空间基尼系数是衡量产业空间分布均衡性的指标。两类对应变量值的累计百分比构成一个边长为 1 的正方形,一类百分比是 i 区域 j 产业占该区域生产总值的一个份额,另一类百分比是 j 产业占国内生产总值的份额。相应的两个累计百分比之间的关系构成产业空间洛伦兹曲线。正方形对角线表示 j 产业在各区域之间均衡分配,即 j 产业在该区域的份额与该产业在全国的份额完全一致。令:

$$I_S = \frac{q_{ij}}{\sum_{j=1}^{n} q_{ij}}, P_S = \frac{\sum_{i=1}^{n} q_{ij}}{\sum_{i}\sum_{j} q_{ij}} \tag{5-59}$$

式中:q_{ij} 表示 i 区域 j 产业的产值(或就业人数);$\sum_{i=1}^{n} q_{ij}$ 是 i 区域的生产总值(或区域总就业人数);$\sum_{j=1}^{n} q_{ij}$ 是 j 产业在全国范围内的增加值(或 j 产业的全国就业人数);$\sum_{i}\sum_{j} q_{ij}$ 是国内生产总值(或全国总就业人数)。空间基尼系数是根据 P_S 为横轴,I_S 为纵轴建立的洛伦兹曲线计算的,记洛伦兹曲线与正方形对角线围成的面积为 S_A,下三角形的余下部分面积为 S_B,则空间基尼系数 G 的计算公式为

$$G = \frac{S_A}{S_A + S_B}, (0 \leqslant G \leqslant 1) \tag{5-60}$$

但是由于洛伦兹曲线难以拟合,S_A 的计算非常烦琐,所以实际运用中,应用最为广泛的公式为

$$G = \sum (x_i - s_i)^2 \tag{5-61}$$

式中:x_i 为 i 区域生产总值(或就业人数)占国内生产总值(或全国总就业人数)的比重;S_i 为该区域某个产业的增加值(或就业人数)占全国该产业增加值(或总就业人数)的比重。

空间基尼系数在 0~1 变化,空间基尼系数越大,产业集聚度越高。空间基尼系数越接近于 0,说明产业 i 的空间分布与整个经济的空间分布越一致,产业相当平均地分布在各地区;反之,越接近于 1,说明产业 i 的空间分布与整个经济的分布越不一致,产业可能集中分布在一个或几个地区,而在大部分地区分布很少,从而说明产

业的集聚程度很高。

（六）产业地理集中指数（E-G指数）法

艾利森（Ellison）和格莱赛（Glaeser）于1997年考虑了企业规模及区域差异带来的影响，提出了新的集聚指数来测定产业的地理集中程度。假设某一经济体（国家或地区）的某一产业内有 N 个企业，将该经济体划分为 M 个地理区，这 N 个企业分布于 M 个区域之中，则产业地理集中指数计算公式为

$$\gamma = \frac{G - \left(1 - \sum_i x_i^2\right)H}{\left(1 - \sum_i x_i^2\right)(1 - H)} = \frac{\sum_{i=1}^{M}(x_i - s_i)^2 - \left(1 - \sum_{i=1}^{M} x_i^2\right)\sum_{j=1}^{N} z_j^2}{\left(1 - \sum_{i=1}^{M} x_i^2\right)\left(1 - \sum_{j=1}^{N} z_j^2\right)} \tag{5-62}$$

式中：x_i 表示 i 区域全部产值（或就业人数）占经济体产值（或就业总数）的比重；s_i 表示 i 区域某产业产值（或就业人数）占该产业全部产值（或就业人数）的比重；$\sum_{j=1}^{N} z_j^2$ 是赫芬达尔—赫希曼指数（H 指数），表示该产业中以产值（或就业人数）为标准计算的企业规模分布；$G = \sum_{i=1}^{N}(x_i - s_i)^2$ 是空间基尼系数。$\gamma<0.02$，表示该产业不存在区域集聚现象；$0.02 \leqslant \gamma \leqslant 0.05$ 表示该产业区域分布相对较为均匀；$\gamma>0.05$ 表示该产业区域分布的集聚程度较高。

（七）熵指数法

熵指数是借用物理学中度量系统有序程度的熵而提出来的。其计算公式为

$$E = \sum_{j=1}^{N}\left[\ln\left(\frac{1}{s_j}\right)\right]\cdot s_j \tag{5-63}$$

式中：S_j 表示 j 区域某产业产值（或就业人数）占该产业全部产值（或就业人数）的比重。熵指数实质上是对每个企业的市场份额 s_j 赋予一个 $\ln\left(\frac{1}{s}\right)$ 的权重，与 H 指数相反，对大企业给予的权重较小，对小企业给予的权重较大。熵指数越大，产业集聚水平越低。

在市场垄断情况下，$E=0$；但在众多同等大小企业竞争情况下，E 不是等于1，而是等于 $\ln n$。鉴于熵指数的这种缺陷，马费尔斯（Marfels）在此基础上做了改进，采用 E 的反对数的倒数（即 e^{-E}）来度量产业集聚水平，称为规范熵。计算公式为

$$e^{-E} = \prod_{j=1}^{N} s_j^{s_j} \tag{5-64}$$

产业集聚水平提高时，e^{-E} 增大，如果相互竞争的企业规模均相等，则 e^{-E} 等于 $1/N$。当 $N\to\infty$，即市场完全竞争时，e^{-E} 等于0；在市场完全垄断的情况下，e^{-E} 等于1。

(八)地点系数法

地点系数是根据产业集群的出口导向、专业化、规模化和增长性特征来测量产业集聚效应的。使用 LQ_i 系数或称雇员集中度系数,来反映集群区域内产业的出口导向。如果假定区域内某产业的雇员数高于全国同一产业的平均水平,就可以生产出大于当地消费需求的产品,因此可以把多余的产品出口。其计算公式为

$$LQ_i = \frac{e_i / \sum_{i=1}^{n} e_i}{E_l / \sum_{i=1}^{n} E_i} \tag{5-65}$$

式中:e_i 表示某区域产业 i 的雇员数;E_i 表示整个国家产业 i 的雇员数;LQ_i 表示整个区域雇员中 i 产业所占份额与整个国家雇员中 i 产业所占份额之比。LQ_i 系数大于 1 表示 i 产业以出口为导向。同时,可以根据系数的大小,确定 i 产业是否是重要出口商品生产行业和财富创造者。

第六章
海洋捕捞业可持续发展指标体系建构理论与方法

第一节 海洋捕捞业可持续发展指标框架

下文将介绍五个可供海洋捕捞业选用的可持续发展指标框架及其差别和相互关系。

一、粮农组织的可持续发展定义

粮农组织采用的可持续发展定义可被视为渔业可持续发展的一般性框架。该定义确定了5个主要成分,即:

①多种资源及其环境;

②人类的社会需要;

③人类的经济需要;

④技术;

⑤制度。

资源及其环境是必须予以养护的对象,而人类的社会、经济需要、技术和制度则需要通过一般的管理过程来分别满足、控制和创设。

该框架旨在处理可持续发展的两大"关怀":

①"环境关怀",旨在通过狭义的环境和资源来解决环境福利(E)问题;

②"人文关怀",旨在通过人、技术和制度来解决人类福利(H)问题。其目的在于追踪:

a.自然资源禀赋的变动,包括其丰度(资源量)、多样性和恢复力;

b.环境变化,例如参照其初始情形;

c.技术能力及其环境影响;

d.制度(例如,捕捞权、执法体系)的演进;

e.人文因素(包括食品、就业和收入)。

开发经济学(成本、收益和价格)和社会背景的变化,将需要诸多指标,且每一指标都可能涉及一个以上的变量。

但是,粮农组织的可持续发展定义过于宽泛,适用于所有以自然资源为基础的开发行业,并未详细说明应如何确定具体目标、判据和指标,粮农组织的《负责任渔业行为守则》则弥补了这一缺憾。

二、基于《负责任渔业行为守则》的主题模式

粮农组织《负责任渔业行为守则》由其成员国政府于 1995 年通过,被捕捞国和沿海国视为未来建构可持续渔业的实用基础。它提供了一个不同于粮农组织可持续发展定义却相互关联的可持续性框架,且其系统结构包含一种具体的运作重点。虽然没有表明环境福利与人类福利之间的平衡,但该守则却将其细分为一些具体的运作条款,即:

①捕捞作业;

②渔业管理;

③把渔业纳入沿海地区管理;

④捕捞后处置和贸易;

⑤水产养殖发展;

⑥渔业科研。

这一结构旨在优化"执行"结构而非"报告"结构,这些维度基本上对应于不同的渔业利益相关者群体,即渔民、渔业管理者、水产品加工者、贸易商、鱼类养殖者和科学家群体。

为支持该守则的实施,粮农组织制定了系列技术性指南,这一正式和自愿性的框架因而得以完善。这些指南必要时可通过具体的技术议定书加以补充,其中的每一条款(和每一指南)均包含一些规定(和途径及选项),明确或不明确地指出了一些具体的目标、判据和指标。

Garcia 和 Staples 详细分析了粮农组织《负责任渔业行为守则》中的详细规定与粮农组织的可持续发展定义之间的密切关系。在他们看来,粮农组织的可持续发展定义包含 3 个主要维度:

①多种资源及其环境的养护和可持续性;

②满足人类的社会和经济需要;

③对所需的制度和技术变革予以管理。

Garcla 分别为每一维度确定了一些原则和目标,有可能作为具体指标选取和建构的基础。对于每一项原则和子原则,Garcia 还确定了守则中与其有关的具体条款以及监测其实施效果所必需的判据和指标。

三、综合的可持续发展框架

就详细程度而言,联合国可持续发展委员会建构并推荐使用的一般性可持续发展框架不如粮农组织的《负责任渔业行为守则》,因为前者是为一般性应用而设计的,并明确确认了两大福利领域(环境子系统和人类子系统)及其相互关联性。

通过诸如污染和资源枯竭一类行为,人类子系统对环境子系统产生复合压力并接收后者发出的反馈信号。两大子系统本身可进一步划分为更小的部件,这些部件之间也存在着相互影响和相互依赖的关系,例如,人类子系统中的经济和人口部件之间存在着相互交流产品、服务及劳动力的关系。

四、PSR 框架及其变形

由经济合作与发展组织(OECD)和其他一些国际机构建构的压力—状态—响应框架(PSR 框架)以“叉状分支”的方式表现可持续发展系统,是前述一般性可持续发展框架的一个形。该框架在一般性可持续发展框架的基础上增加了环境子系统和人类子系统的状态以及对两大子系统的状态产生影响的各种过程,特别是对环境子系统产生的压力和社会对两大子系统作出的反应。

PSR 框架定义了 3 种类型的指标,即:

①压力指标;

②状态(状况)指标;

③响应指标。

压力指标显示的是渔业可持续发展系统某些方面正在承受的压力。除非同时具备有关环境状态的信息,否则,就可能很难断定一种压力是处于可接受的水平还是过高。因此,对压力指标的解读通常需要以状态指标为参照物。尽管如此,压力指标的变动还是可以在问题引发状态指标发生变化前对其作出早期预警。状态指标表明渔业可持续发展系统某些方面的当前状态,提供有关系统被观测时处于何种“位置”的信息。特定状态指标的时间序列观测值能显示出系统状态随时间变动的趋势。响应指标则表明决策者和管理者正在采取何种行动来应对所接收到的有关渔业可持续发展系统状态的信息，更经常的情形是，应对来自渔业利益相关者的压力。若响应指标表明系统处于令人满意的状态，则可能无须采取行动。响应指标是构成管理系统反馈回路的一个重要部分。

要作出有意义的解释，就必须把三种指标联系起来考虑。例如，要对压力指标（例如渔获率）作出解释，就要同时对此类压力的影响（例如种群规模）和对此类压力的反应（例如控制捕捞压力和渔获量）作出评估。最理想的情况是，能找到或建构出一个有关上述三类指标如何关联的模型。所建构的压力—状况—响应指标应当是动态的，以便同时获取有关系统变化方向和变化速度的信息并对系统予以静态测度。为便于表述和理解，应当以"可持续性记分卡"或"可持续性仪表板"的形式定期公布指标，最好一年公布一次。

任何一种渔业可持续发展系统都包含 4 个主要维度或者说子系统，即：

①生态维度（生态子系统，包括生物资源及其环境）；

②社会维度（社会子系统）；

③经济维度（经济子系统）；

④渔业运营于其中的制度和治理系统（治理子系统）。若采用压力—状况—响应框架，所选取的指标必须反映出上述维度（子系统）的状态、变化和结构性特征。

驱动力—压力—状态—响应框架（DPSR）是 PSR 框架的一种变型，其中的驱动力（DF）有别于其产生的压力（P）。而也有学者建议把状态（S）划分为"影响"（I）、"效果"（E）和"资源存量"（ST）三部分，从而导致了一个更为复杂的框架结构。

"驱动力—压力—状态—影响—响应框架"（DPSIR）是压力—状态—响应框架的另一种扩展形式。在这一框架中，"驱动力"被视为能更确切地反映可持续发展的经济、社会和制度维度。比如说，"人类驱动力"（例如，经济发展和人口增加加大了对食品和收入的需求程度）对"广义环境"（包括自然资源利用、对生境的影响和废弃物排放）产生压力，导致该系统各部件及其环境发生变化（例如，资源生物量下降或沿海地区居民的收入减少），从而有可能对系统功能产生直接影响（例如，渔业崩溃、社会动荡、服从度下降），而社会则可能通过相应的管理部门对系统状态发生的变化及其影响作出反应[例如，诉诸法律、行政和（或）财政手段，调整发展战略或改变资源使用制度]，以期（通过管理）来降低压力或（通过资源修复计划或应急计划、保险政策等）减少其影响。

当然，驱动力、压力、状态、影响和响应之间的关系可能并不总是如此简单，而对压力的反应也可能成为另一系统或同一系统其他部分的压力。例如，渔获量是资源利用水平的一个指标，也是捕捞压力的一个替代指标，在某些假定下，还往往被用作资源状态的指标。在渔获量异常低的情况下，政府（或其他组织）有时向渔民发放补贴,以帮助其渡过难关,但此类补贴有可能成为激励渔民增加捕捞能力,从而加大捕捞压力的“诱因”。此外,要在“影响”与“状态”之间划出一道明确的分界线,也并非总是那么容易。由于上述原因,围绕压力—状态—响应框架的这一拓展型是否具有使用价值的争论仍在继续。

五、生态型可持续发展框架

Chesson 和 Clayton 于 1998 年建构了一个框架,以帮助确定在多大程度上满足了可持续性的管理要求以及管理绩效随时间变动的趋势。该框架也属于可持续发展的一般框架的变型,在澳大利亚以“生态(上)可持续发展框架”(ESD)而著称并广为应用。该框架顶层的二分式结构类似于可持续发展的一般框架,分别代表环境子系统和人类子系统。捕捞的影响被分解成捕捞对人类的影响和对环境的影响(广义的环境影响,其中包括对资源的影响)。这一细分基于如下认识:虽然捕捞的所有影响最终都会对人类的生活质量产生影响,但有些影响是直接的,有些则是间接的。此外,生态(上)可持续发展框架还详细列出了各子系统内部的不同层级,以此强调某些结构成分可能为负值,例如,处于“赤字”中的渔业,特别是当补贴和管理费用及其他费用被纳入考虑时。同样,当渔业情形对从业者形成威胁或其他不理想的条件,生活方式也可能得到“负改进”。

当然,该框架内部各部分还可以进一步细分。例如,对非目标鱼种的影响可以分为间接影响和直接影响,而直接影响还可以再分成对正常捕捞作业的影响和对其他作业形式的影响。两大子系统(对人类的影响和对环境的影响)虽然有可能被任一渔业和渔业子部门作为两个主要成分,但位于较低层级的成分可能有所不同,或需要根据当地的具体条件予以划分。对于框架中的每一成分,都必须详细说明其目标和参考点(例如,以数字表示的总预期收益额),相关指标(例如,实际收入)则容易确定。此外,可视具体政策及各目标的优先顺序,赋予不同成分以不同的权数。这些权数将用于整合生态(上)可持续发展框架中较低层级指标的值。

第二节　可持续发展参考标准系统及相关术语的定义和示例

一、可持续发展参考标准系统及其作用

渔业目前使用的指标高达数千个,另外还有数千个虽有使用价值但尚未获得应用的指标,尽管字面上不同的指标本质上相同或字面上相同的指标本质上不同的情

形也可能存在。由于指标的数量如此之多,因此需要一个系统,用以选取、组织和应用一套指标来追踪可持续发展进程,我们称这样的系统为“可持续发展参考标准系统”。该系统包含一个框架,用以确定目标和组织相关指标及其参考点,为指标集成和指标表征提供了一个手段。

建构和实施一个基本的可持续发展参考标准系统需要大量信息。前文已述及,数据收集和分析需要大量资金的支撑,除此之外,这还是一项耗时费力的工作,而其他一些工作则相对容易。但据粮农组织报道,许多国家目前正在开展有关信息的收集工作,以便首先确定一组有成本效益的、与政策制定和决策过程直接相关的备选指标,然后从中筛选出最有价值的指标。备选指标的确定是一个广泛协商的过程,这一过程是对指标的最终确定的一笔投资,不应将其视为一个技术障碍,因为许多行业和国家的经验已经表明,在真空中建构不出有价值的、适用范围广泛的指标。

要有效地选取、组织和应用指标,可持续发展参考标准系统必须具备如下条件:

①能够提供有关可持续发展进程和政策诸目标(包括其法律依据)实现程度的、有价值的信息;

②系统运作无须花费过高的成本且易于编辑和使用;

③对信息的利用达到最优化;

④能够处理不同程度的复杂性和尺度;

⑤有助于指标的整合和集成;

⑥能提供可与利益相关者直接交流的信息;

⑦能对改进决策过程作出直接的贡献。

一个优良的可持续发展参考标准系统不仅能以有用和有效的方式组织信息,还能有助于从整体上凸显渔业可持续发展的治理目标,并适时发出何时应创设或增强制度安排、使其始终能以透明的方式协调好有关各方为实现可持续发展目标而采取的各种行动的信号。

二、可持续发展参考标准系统诸构件及相关术语的定义

可持续发展参考标准系统诸部件在不同文献中往往有不同的说法。下文将采用如下一套概念和定义,按高低顺序排列,同时还提供了两个实例。

(一)框架

框架是用以选择指标并将其组织起来的一种结构,它基于一组特定的维度。目前世界上使用的可持续发展框架有多种,其主要差异在于所包含的维度上,其取舍往往体现出对可持续发展参考标准系统的不同需要和目的的强调。前文已介绍了几个比较常用的例子,即:

①联合国可持续发展委员会建构并推荐使用的可持续发展总体框架,采用的是两分法,即人类和环境两个维度;

②粮农组织的可持续发展定义,采用的是五分法,即人、生态系统、经济、社会和治理(制度)五个维度;

③粮农组织的《负责任渔业行为守则》;

④经济合作与发展组织的压力—状态—响应框架(PSR 框架)及其变型;

⑤联合国可持续发展委员会的指标框架。

(二)维度

框架的维度,或者说“子系统”“构件”“部件”或“成分”等,是指用以描述一个系统并因而需要采用一组标准、指标及参考点的类别。对于每一渔业或行业,都可能定义出许多维度,具体采用哪些维度取决于所选择的框架。例如,与前述各框架相对应的维度分别是:

①人类子系统和环境子系统;

②资源、环境、制度、技术和人;

③捕捞作业、渔业管理、把渔业纳入沿海地区管理、捕捞后处置和贸易;水产养殖发展和渔业科研;

④压力、状态和响应;

⑤环境、经济、社会和治理。

(三)尺度

尺度,又称“规模”“范围”“层级”。原则上,可建立起与各种尺度相对应的可持续发展参考标准系统,取决于其目的。尺度一经选定,所需的指标定义和报告范围也就确定了。例如,可分别建构与全球、区域、亚区域、国家、地方和渔业尺度相对应的指标。

(四)目标

目标指明人们在可持续发展的总体原则内试图达成什么目的。目标往往是层级性的,分别与系统内的具体尺度相对应,并包含可持续发展的所有维度和相关标准。在可持续发展参考标准系统内,有一系列与上述尺度相对应的目标需要实现,例如,提高一国的收益和产出水平;改善一个区域的就业状况;在拖网渔业中减少丢弃。

(五)判据(准则)

判据又称“准则”或“标准”,是可持续发展参考标准系统的部件之一,其属性可用指标和参考点予以描述。判据代表的是受可持续发过程影响的那些属性,与框架诸维度相关联,用于反映具体的目标。一般而言,判据与尺度无关。例如,要运用联合国可持续发展委员会建构并推荐使用的可持续发展框架考察特定渔业的可持续发展，就可能采用下列判据：反映资源健康状况的产卵生物量；与捕捞压力有关的捕捞能力；与人类福利状况有关的（货币或实物）收入；与治理有关的渔业法规和政策。

（六）指标和参考点

一个指标就是与一个判据有关的一个数量值或质量值、一个变数、指示数（指示器、指针）或指数。指标的变动反映了判据的变化。一个参考点显示的是，一个渔业指标与被视为理想的情形（例如，目标参考点）或不理想且要求立即采取行动的情形（例如，极限参考点或临界参考点）相对应的一种特定状态。参考点与人类目标（目标参考点）或系统约束（极限参考点）直接相关。指标与其目标参考点或极限参考点或值的差距或趋势显示出系统的当前状态和动态，并表明这种状态和动态是否适宜。指标提供了状态评估所需的要素，在目标与行动之间架起了一道桥梁。

例如，若把单位努力量的成鱼渔获量（CM/f）作为产卵种群生物量的一个指标，按照《联合国海洋法公约》的规定，等于最大可持续产量的指标值，（CM/f）MSY 就是一个可接受的目标参考点（要实现的一个值）。专家一般认为，当这一指标值达到原始种群生物量（CM7f）v 的 20%~30%时，发生“补充失灵”（即种群无法得到有效补充）的可能性就非常高。因此，0.3 的（CM/f）v 可被视为一个极限参考点，或者说应避免出现的情况。

三、关于海洋捕捞业经济维度的两个示例

下文通过海洋捕捞业经济维度的两个例子，来具体说明上述术语的含义及其在指标体系中所处的层级。

（一）资本生产率

维度：经济维度。

目标：经济效率。

判据：资本生产力。

指标：财务净收益/资本化值，即（T-TS）/CV。

尺度：渔业（按渔船队，例如拖网船队、围网船队）。

极限参考点：根据特定生物经济学模型推导出的或粗略估计出的均衡资本生产力，并假定整个拖网船队等于标准渔船的总数。也就是说，把整个船队看作一个企业所拥有的船队。

目标参考点：根据区域发展政策中所体现出的目标来确定。

资本化价值（CV）：资本化价值是对所有船龄渔船投资的总现值。渔船保险费或重置价值是考虑到各种相关的现实化因素（actualization factor）后估算出来的，其

计算公式为：$CV = I + CV' \times D$，其中，I 为现期投资，CV' 为上期资本化价值，D 为折旧率。

营业额（T）：上岸量总价值（所有品种和所有商业种类）。

总经营费用（TOC）：总经营费用是可变成本（VC）和固定成本（FC）之和。

可变成本（VC）：可变成本与捕捞活动的程度直接相关，例如，燃料或冰块消耗与出海捕捞次数成比例，从价开支（拍卖和其他成本）与产量或产值成比例。在沿海渔业中，可变成本可能包括工资（例如，按比例计算报酬），而在工业渔业中，则可将工资视为固定成本。

固定成本（FC）：固定成本取决于最初确定的生产结构规模，因此与捕捞活动的程度无关。有些固定成本取决于船东的战略决策，例如，投资和一揽子财物计划的成本，有些固定成本则与其无关，例如，保险费和入渔费。

对指标的解释：

①低于参考点，原因可能在于投资过度、投入成本不当或税收压力过高，应及时采取管理行动，需要进一步或长期监测所有变量，例如，每年评估一次。

②接近参考点，可能表明一种明显的经济平衡状况（稳定或不稳定），需要经常监控指标，例如，2~3 年一次。

③高于参考点，可能表明渔业经济有效率（除非补贴很高）：可获取额外的经济租，应在较长的时间范围内监测这一指标，例如，3~5 年。渔业管理可采取的应对措施有提供补贴、征收入渔费或对总捕捞能力予以控制等。

（二）生产要素生产率

维度：经济维度。

目标：经济效率。

判据：生产要素的生产率。

指标：资源租（总收益减总成本）。

尺度：渔业（按船队，例如拖网船队）。

极限参考点：资源租为零，相当于无限准入（自由入渔）情形下的生物经济学均衡，有可能反映出捕捞努力量超出了最大可持续产量所需的水平。

目标参考点：资源租最大，通过有关收入分配和就业的目标来确定。

总收入（TR）：所有鱼种和所有商业类别的上岸量总值。

总成本（TC）：按其机会成本计算的可变成本（VC）和固定成本（FC）之和。

可变成本（VC）：可变成本大小与捕捞活动强度直接相关，例如，燃油和冰块消耗与出海捕捞次数成比例，或从价开支（拍卖和其他费用）与产量或产值成比例。成本按其机会成本计算，是扣除税收和补贴后的净成本。

固定成本(FC):固定成本取决于最初确定的生产结构规模,因此与捕捞活动的强度活动无关。有些成本起因于船东的战略决策,例如,投资和一揽子财物计划的成本,其他成本则与其决策无关,例如,保险费和入渔费。资本投入的价值按其机会成本计算,是扣除税收和补贴后的净价值。

对指标的解释:

①低于极限参考点,可能是因为捕捞能力管理无效而导致该渔业投资过度,并因而造成经济净损失,需要采取相应的矫正行动并密切监测指标的变动情况,例如,每年开展一次评估。

②接近极限参考点,即渔业接近于无限准入(自由入渔)情形下的生物经济学平衡(可能稳定或不稳定),渔业管理无效或没有采取任何管理措施,需要采取预防管理行动,以确保不超出极限参考点,并改善渔业的经济情形,同时需要经常检测这一指标,例如,每2~3年评估一次。

③达到或高于目标参考点,渔业可能得到有效的管理,若没有资本化为配额价格,通过税收或收取入渔费则可以获取经济上有效的资源租。在这种情况下,无须经常监测指标,例如,每隔3~5年评估一次即可。渔业管理可采取的应对措施有:通过创设明晰界定和有效实施的排他性(专一)使用权或产权,或者通过征收资源使用税或费,来引入一种有效的管理机制。

第三节　海洋捕捞业可持续发展参考标准系统建立的步骤

海洋捕捞业可持续发展参考标准系统的建构涉及5个步骤:

①明确说明其意欲涵盖的范围;

②设计出指标建构所需要的框架;

③明确说明标准、目标、潜在指标和参考点;

④选定一套指标和参考点;

⑤明确说明指标的集成和表征方法。

下文将分别讨论这些步骤。

一、明确说明可持续发展参考标准系统的尺度

海洋捕捞业可持续发展参考标准系统的结构和尺度取决于其对象系统的规模和复杂性,以及其预期用途和信息用户(例如,某些国际组织、某一渔业的管理者、一些当地社区)。确定该系统的结构和意欲涵盖的范围应综合考虑如下因素:

①总体目标，特别是其目标用户所考虑的问题究竟是“特定渔业对更为广泛的可持续发展目标作出贡献”，还是“对其本身可持续发展的贡献”；

②其意欲涵盖的人类活动，例如，单纯涵盖捕捞活动，还是同时涵盖渔业资源的其他用途、特定海域的其他用途和上下游活动等；

③其意欲处理的问题，例如，捕捞能力过剩、陆基污染、濒危品种；

④其意欲涵盖的系统的地理边界。

而确定系统地理边界则需综合考虑：

①所有相关渔业及其子部分；

②所有子部门（例如，按渔具、目标鱼种、商业渔业或生存型渔业等划分的子部门）的特点；

③所使用或受到影响的生物资源（例如，跨界资源或高度洄游性资源）的性质；

④主要资源的关键生境；

⑤渔业之间的相互作用。

二、选用或建构一个框架

海洋捕捞业可持续发展参考标准系统的目的和范围一经确定，下一步便是建构或选择一个框架，以便组织有关可持续发展的指标。可采用结构化的方法建构框架，以表征可持续发展诸相关维度，例如经济、社会、环境（生态系统/资源）和治理（综合的可持续发展框架/可持续发展的综合框架），也可以对其予以调整，以便更好地反映出人类活动所产生的压力、人类系统和自然系统的状态以及社会对这些系统的变化所作出的反应（PSR 框架），还可以像联合国可持续发展委员会（CSD）的指标框架一样，综合使用这两种方法。

对框架的选择有可能反映出政策关注重点。用于其他目的的框架经调整后，也可用作渔业可持续发展参考标准系统。采用框架的目的是把渔业可持续发展这一宽泛的领域化解成适于开展指标选取的一些“子域”，因此，具体采用何种框架并不特别重要，只要能够用其建构出有使用价值的指标就行。

可持续发展的综合框架包含“人类子系统”和“环境子系统”两个子域，也可以根据可持续发展的定义建构框架，例如按粮农组织对可持续发展的定义，该框架将包含“资源、环境、制度、技术和人”五个子域，还可以根据《负责任渔业行为守则》对渔业活动领域的划分方法建构框架。PSR 框架是按过程解构可持续发展系统的一种比较方便的方法，该法往往与一些结构化安排结合使用。PSR 框架的逻辑思路是，人类活动对系统部件产生压力，系统部件达到特定状态，社会对其作出“实然反应”或“应然反应”。这里所说的社会实然反应，指的是“社会对压力、状态作出的实际反应”，而社会应然反应则指“面对如此压力和状态，社会应当作出的（适当）反应”。界定压力或驱动力指标可能是一种合理的做法，因为解除系统压力往往是管理干预的主要目标。PSR框架的一些变型已被建构出来，其目的在于把诸如影响和驱动力等因素纳入考虑。

前已述及，只要能涵盖前文提及的可持续发展参考标准系统的范围和目的，具体采用何种框架并不重要。在许多情况下，不同的框架有可能导致选取数组相同或类似的指标，但用以检验应被可持续发展参考标准系统所包含的判据、目标及有关指标和参考点的方法却不相同。

许多结构性框架都采用层级法对其组分予以细分。例如，捕捞业系统被分解成两个子域：一是捕捞对人类的影响；二是捕捞对环境的影响。两个子域又被分解成一些“子子域”，即食物、就业、收入、生活方式、主要商业品种、非目标物种和其他环境方面。如有必要，还可以进一步分解这些“子子域”。在许多情况下，考虑系统尺度，即系统的涵盖范围，是非常必要的。

三、详细说明判据、有关目标的指标和参考点

判据是依据框架的维度来确定的，代表受可持续发展过程影响的特性。在每一维度内可界定多个标准，以便确定目标，选择指标和参考点，然后用选定的指标和参考点描述标准的条件和行为，正如前文在介绍指标的定义和作用时所阐明的。但是，若不联系与目标相对应的、为系统所确定的参考值来考虑指标，就无法对指标随时间推移所发生的变化作出有意义的解释。在渔业领域，参考值主要与目标种群有关，习惯上被称为目标参考点或极限参考点，后者也称临界参考点或阈值。

判据的目标及其有关指标的选择通常要考虑到一些有关系统如何运行和系统部件如何相关作用的理论观点和模型，往往由该领域的专家所提供。这些理论观点会有所变化，取决于所考虑的具体维度，例如，生态子系统、社会子系统和经济子系统。建构可持续发展参考标准系统的目标之一，就是尽可能把有关可持续发展所有维度的、重叠的观点汇集到一起。

判据，例如特定种群的鱼的相对丰度，一般独立于所考虑的尺度。为使指标应用系统有意义，标准必须对目标作出描述，以便利用指标和参考点来衡量目标的实现程度。在一个可持续发展参考标准系统内，与既定标准有关的目标必须在系统各层级上都得到确认。例如，一国可持续发展的总体目标在国家政策中可能已经得到明确的体现，即使如此，也可能还有针对系统个别部件的具体目标，例如，适用于个别渔业部门或社区减贫的政策。

由于目标在所考虑的各种层级上不一定完全相同，因此在不同的层级上可能需要与标准有关的不同指标。框架、标准及相关目标三者应从所考虑的渔业单元（个别捕捞业、一国捕捞业、全球捕捞业）的角度，就可持续发展究竟指代什么这一问题，共同给出一致的表述，且在某些情形下，应无须对指标和参考点作出过多的解释。对某一非常具体的目标而言，例如，把捕捞死亡量维持在某一特定水平，与其有关的指标和参考点马上就能被界定。而对于不太确切的目标，例如减少对非目标物种的影响，则需围绕适当指标的选择及其含义展开讨论。

建构并发布一组为所有利益相关者所认同的目标，这一过程本身就是朝可持续发展迈出了一大步。可持续发展参考标准系统把目标置入公众视野，则有助于公众了解诸目标之间的关系及权衡取舍。

对于某些判据，目标可能已得到明确界定，例如，维护或重建鱼类种群。而对于另外一些标准，目标则可能体现在国际协定、立法或公众预期中，例如，尽量减少污染。但也有一些标准，与其有关的目标可能从未得到明确，或虽得到明确但未获得认同，例如，促进当地社区发展。

传统渔业科学和管理方法提供了大量有关资源状态、渔获量、捕捞收益和捕捞压力的潜在参考点。可持续渔业管理要求建构出更加广泛并获得认同的一组参考点，涵盖其他所有关键的可持续性维度，例如，有关捕捞努力量、捕捞能力、经济租（或者说资源租）、副渔获物、丢弃物（捕获后又被丢弃的渔获物）、生物多样性、生境、贫困、人类发展和就业的维度。有些参考点已成为国际标准，例如，最大可持续产量（MSY）、单位补充量、最低产卵种群生物量（SSB/R）。此类参考点必须被包括在可持续发展参考标准系统中。

四、选择指标及其参考点

即使已经明确了问题所在，选择了适当的框架，并确定了维度（子系统、子域）、标准、目标以及可能的指标和参考点，仍有大量潜在指标可供选择和应用。指标的建构往往需依据已有数据，例如管理机构和科研部门数据库中所保留的数据和行业记录。然而，可持续发展参考标准系统可能涵盖一些虽有标准和指标、但无可靠数据来计算指标及评估目标实现程度的领域。在这种情况下，为可持续发展参考标准系统所选择的指标应被限定在少量基于以下因素的有效指标中：

①政策重点；

②实用性/可行性；

③数据可获得性；

④成本有效性；

⑤简明易懂性；

⑥准确性和精确性；

⑦对不确定性的稳健性；

⑧科学上的有效性/科学合理性；

⑨用户/利益相关者的可接受性(有关各方达成共识)；

⑩信息可交流性；

⑪及时性/适时性；

⑫正式(法律)基础；

⑬文献充足性。

若采用首选的指标被认为是不可行的,则可能需要采用一些临时性的替代指标。

指标一旦被选定并获得认同,采用标准化的方法和规范对其予以进一步完善,则不仅有助于为可持续发展参考标准系统提供一个可靠的技术基础,也有助于确保在渔业系统内部和渔业系统之间开展得比较具备有效性,并确保比较方法的一致性,避免不同时间采用不同方法的情况发生。对选定并获认同的指标,需做好详细的记录并妥为存档,对其应用情况,人们应广为了解。

概言之,可持续发展参考标准系统和选定框架的指标建构步骤如下：

①确定标准和明确的或暗含(不言而喻、无须明言)的目标；

②建构有关系统如何运行的概念性框架,用以组织指标；

③确定需要采用哪些指标和潜在参考点来评估目标的实现程度；

④考虑可行性、数据可获得性、所需费用以及其他一些决定指标是否具备实用性的因素；

⑤详细记录计算或说明指标所使用的方法。

五、更新和解释指标

可持续发展指标体系的建构是一项复杂的系统工程,需要耗费大量的人力、财力和物力,能否承受得起是决策者不得不首先考虑的问题之一。此外,系统必须提供易于理解的信息,不仅容易为决策者所理解,也容易为具有不同教育和技术背景的其他利益相关者所理解。然而,渔业是一个复合系统,同时就因果机制或矫正行为对一组指标的变化作出解释,是一项极具挑战性的工作,要求具备高超的专业技能,同时还要考虑到下列两大因素：

第一,渔业系统诸部件的时间维度是必须考虑的关键因素,因其将影响到指标的特定值的有效期限,即特定指标的特定值的有效期限受系统部件的时间维度的影响,因而需要适时更新。例如,鳀鱼种群丰度的变动快于以其为捕捞对象的中上层渔船船队的规模变化,且变动往往更频繁。因此,每年都需要对其资源量作出评估,而船队规模的数据则仅需要每隔 3~5 年更新一次。

第二,指标值的变化并非都有意义。渔业指标是测量值或经复杂计算后得出的一些结果。所得出的数值受诸多不确定性的影响,且对其受到的影响,人们可能了解,也可能不了解。因此,只有当变化大于不确定性的程度时,某一指标的数值变动才有意义。

六、指标集成与表征

为了便于指标在更广泛的管理系统内得到应用和拥有更多的目标用户,应尽量采用容易为用户所理解的方式表达指标及对其进行解释。在许多情况下,指标只是一个简单的数值。但是,为便于在同一系统内和不同系统间对指标进行比较,就需要对指标作出必要的调整。这意味着需要把指标转换为比率(比值),即指标除以基值。在许多情况下,都以相关参考点的值作为基值。例如,若原始指标为当前产卵生物量,那么调整后的指标就是该值与原始种群(即尚未加以利用、处于自然状态下的种群)的生物量的比率,因而介于 0~1。

除重新调整指标外,有时还需要把指标尺度(等级)与有关其对社会目标的满足程度的价值判断联系起来考虑。为体现共识,特别是在国际渔业中,给此类价值判断赋值(即打分)需要获得有关各方的认同。

各种指标表征方法已被采用,具体体现了对指标不同程度的综合与混合。Prescott-Allen(1996)建议采用一个简单的两维(人类福利维度和生态系统福利维度)框架作为简单的“可持续性晴雨表”。采用多维表征方法也是可能的,例如,采用一个有若干轴的对折线图说明不同系统的“信号”,包括能够从所有参数中得出希望得到的数值这一“理想的”系统(Garcia,1997)。

在数量有限的几个轴上描述指标,往往需要对指标进行集成。如果要把一些指标汇总成一个数值,对其进行加权处理是必需的,且应尊重专家组有关各种指标的相对重要性的意见或政策决定。显然,这些技术性处理有必要被记录在有关可持续发展参考标准系统的说明中。在许多情况下,仅仅对指标作简单的汇总是不够的,需要建构出其他集成性指标,例如,种群生物量高于共同认可的参考点的渔业数量等。

为追踪可持续发展的进程,有必要掌握渔业系统的动态变化情况,考察经连续数年测算的指标趋势或渔业系统不同维度的变化率可实现这一目的。考察结果也可绘制成图,以便直观地显示出渔业系统是否朝着可持续发展的方向发展。

第四节 海洋捕捞业可持续发展参考标准系统的评价、检验和报告

海洋捕捞业可持续发展参考标准系统的建构是一个不断重复和适应的过程，是一个在管辖范围和区域内部以及不同管辖范围和区域之间不断试验和反复学习的过程，以便评估系统的各种性能，包括成本和收益考量。

一、评价海洋捕捞业可持续发展参考标准系统

评价海洋捕捞业可持续发展参考标准系统包括对其执行效果的检验，可采用诸如 ISO 9000 质量管理体系或下文提供的调查表(表 6-1)对其性能予以检测。在海洋捕捞业可持续发展参考标准系统的建构阶段，该调查表也可能成为一个有用的工具。

表 6-1 可持续发展参考标准系统评价表

评价内容	问 题
尺度和目的	是否明确说明了可持续发展参考标准系统的规模和目的？ 这些目标是否与可持续发展愿望一致？
规范	是否明确记录并提供了可持续发展参考标准系统的设计和方法？ 是否充分符合可持续发展参考标准系统的明确规模和目的？
参加	可持续发展参考标准系统是否记录了“有关方面”的定义？ 可持续发展参考标准系统过程是否与所有有关方面的代表进行了充分磋商？ 在有关方面中，可持续发展参考标准系统机制是否充分包括了渔民以鼓励负责任资源管理？
数据收集	是否有一个数据收集系统为可持续发展参考标准系统的所有方面(例如生态系统、经济、社会、机构方面)提供指标？
研究	在短期内需要知识的领域，定向研究是否得到了支持？ 为评估指标的有效性而进行的研究是否得到了支持？
指标	是否为所有主要标准制定了指标以及它们是否与表明的目标相关？
参考点	是否为每个指标确定了参考点？
报告	是否有一个机制向所有有关方面报告可持续发展参考标准系统的结果？ 是否有一个公众可以获得的关于可持续发展参考标准系统的设计和结果的说明？
采纳和应用	关于实施可持续发展参考标准系统方面是否有任何未统一的意见？ 可持续发展参考标准系统是否纳入了一个更广泛的可持续发展参考标准系统？ 对可持续发展参考标准系统的产出是否做了广泛报道(例如通过国家媒体)？ 可持续发展参考标准系统的产出是否用于决策活动(导致改变国家重点活动或战略)？

二、对海洋捕捞业可持续发展参考标准系统指标的检验

在许多情况下，所采用的海洋捕捞业可持续发展指标都是一种替代指标，是实际关注对象的主要标准的“替身”，例如，用单位努力量渔获量作为衡量相关渔业资源丰度（表示渔业资源状态的一个指标）的一个尺度，用渔获量作为衡量渔业经济绩效高低的一个指标。

采用此类渔业替代指标时，应特别关注的一个问题是，它们在多大程度上反映出所关注对象的真实变量的变动趋势？在许多情况下，除采用渔业替代指标外别无他法，但需要对渔业替代指标的有效性予以检验，以便能随时间的推移而不断改进其应用，放弃那些不能有效反映其试图代表的渔业变量的替代指标。

有各种方法可用以检验海洋捕捞业可持续发展指标的有效性。其中一些方法在海洋捕捞业可持续发展指标付诸使用之前就可以采用。但是，由于往往不具备相关信息，在海洋捕捞业可持续发展指标被使用之前无法对其有效性予以分析。海洋捕捞业可持续发展指标基本检验方法有如下几种：

①文献检验法。分析文献中记载的一些带有真实基本属性的信息的海洋捕捞业可持续发展指标应用案例，在范围广泛的应用或情形中对替代指标的性能予以检验。例如，如果有独立的有关鱼类种群丰度变动趋势的时间序列数据，就可以运用这些数据检验单位努力量渔获量这一替代指标能够在多大程度上反映出其变动趋势。然后分析在何种情形（渔具类型或鱼种）下，该替代指标能够反映或似乎不能反映出种群丰度的变动，据此对这一方法作出改进。

②比较检验法。收集有关海洋捕捞业基本变量的其他一些信息，通过比较研究来考察替代指标的性能。可采用时间和（或）空间比较的方法为检验指标提供所需信息。这种方法可能利用空间和/或时间上的差异，为检验指标提供资料，但有可能仅适用于案例的小子集。

③模拟检验法，即采用蒙特·卡罗模拟法检验指标的性能。此外，若有关海洋捕捞业某一特殊变量（例如，补充量）的估计性能可能随时间推移而有所改进，对于诸如用种群评估方法所产生的结果一类的指标，追溯检验也可能是一种有用的海洋捕捞业可持续发展指标检验方法。

三、对海洋捕捞业可持续发展参考标准系统的报告

为使海洋捕捞业可持续发展参考标准系统的指标成为能显示出海洋捕捞业可持续发展进程的一种合格的工具，就必须采用一种适当的报告形式，总结、提交和发布海洋捕捞业可持续发展参考标准系统所产生的结果，因为报告形式的妥当与否，

往往影响着人们对报告信息是否准确、全面、透明和及时的判断。报告应使读者能够对可持续发展进程作出自己的评价，并使其能够对报告选用的指标和可持续发展参考标准系统的质量和有效性作出评估。报告应当简明、易读，以利益相关者容易理解的简单明了的语言写成。

可持续发展参考标准系统的报告至少应包含以下内容：

①对所选用的海洋捕捞业可持续发展参考标准系统的说明，包括对框架、指标和参考点的说明；

②对海洋捕捞业可持续发展参考标准系统指标和参考点的计算方法的解释；

③海洋捕捞业可持续发展参考标准系统指标所显示的信号及其可信范围；

④阐释和分析；

⑤就结论和目标作出逐一比较。

海洋捕捞业可持续发展参考标准系统报告应与类似报告在内容和格式上保持一致，例如，一国各具体渔业的报告、区域内的国别报告及全球报告，以便解释、汇总和比较区域层面和全球层面的可持续发展进程。

海洋捕捞业可持续发展参考标准系统报告应使对渔业有利益诉求的有关各方可随时了解可持续发展参考标准系统产生的结果。利益相关者享有对结果的知情权，有助于获取其对可持续发展指标体系所要求采取的、旨在推动可持续发展进程的行动的支持。

有关各方应共同参与此类海洋捕捞业可持续发展参考标准系统报告的编写，应当定期公布海洋捕捞业可持续发展参考标准系统指标及分析结果，以便供有关各方确认和核实，并使召集同行对国家报告的质量予以评议成为一种程序性要求。“报告透明”为利益相关者提供了一种机遇，使其能够就海洋捕捞业可持续发展参考标准系统指标的相关性和效果发表评论，并参与可持续发展参考标准系统的改进过程。

下列各方有可能成为海洋捕捞业可持续发展参考标准系统的目标用户：

①致力于总体海洋捕捞业可持续发展的国际机构，例如，联合国大会、可持续发展委员会或《生物多样性公约》缔约方大会；

②从事海洋资源管理的全球性机构，例如，粮农组织或政府间国际海洋学委员会；

③区域性机构，例如，区域渔业委员会或政府间区域海洋计划；

④国家一级机构，例如，我国的国务院或所属农业农村部、海洋局；

⑤利益相关者团体，例如，生产者协会、行业、消费者协会和一般公众或当地社区。除满足上述目标用户的需求外，报告还应当把服务于更加广泛的群体特别是渔

业利益相关者作为自身的目标。

海洋捕捞业可持续发展参考标准系统的“报告频率”，即报告的频繁程度，应当足以提供有价值的、有关当前趋势是朝向还是背离可持续发展的信息。为各渔业种群、各国或各区域所编写的海洋捕捞业可持续发展参考系统标准报告必须是连贯一致的时间序列报告，以便确定发展趋势及开展横向和纵向比较。全球许多渔业都定期收集有关其生物学和作业情况的数据，并以年度为基础开展评估。由于受特定的生态和经济过程的影响，也可能需要采用其他的时间周期提交海洋捕捞业可持续发展参考标准系统报告。报告频率应当与系统的变化速度保持一致。

国家级海洋捕捞业可持续发展参考标准系统所产生的信息，应当成为国民经济核算体系的部分基础参数，并适时提供给国家统计局。在全球层面上，国民经济核算体系（SNA，或者说“国家核算体系”）已被扩展到包括跨越经济——环境界面的环境资产存量和流量账户，形成了“环境与经济综合核算体系（SEEA）”。环境与经济综合核算体系为在国民经济内部以行业为汇总尺度并组织渔业的许多信息提供了一种手段，此类信息有助于对渔业行业在国民经济中的历史地位和现实重要性作出评估，更重要的是，有助于评估渔业未来对国民经济有可能作出多大程度的贡献。

报告海洋捕捞业可持续发展参考标准系统的结果所面临的一个主要问题是，海洋捕捞业可持续发展参考标准系统指标有可能披露出在国家和国际层面上极为敏感的一些形势和趋势。此类敏感性有可能削弱海洋捕捞业可持续发展参考标准系统报告的有效性或完备性以及利益相关者可获知其结果的程度，并进而对可持续发展进程产生负面影响。

参考文献

[1] 朱坚真.海洋环境经济学[M].北京:经济科学出版社,2010.

[2] 韦朝晖.马来西亚:2010—2011 年回顾与展望[J].东南亚纵横,2011(3):22-28.

[3] 夏泽义.广西北部湾经济区产业空间结构研究[D].成都:西南财经大学,2011.

[4] 金娟.北部湾经济区生态文明建设的社会学研究[D].青岛:中国海洋大学,2011.

[5] 夏淇波.论东海海域经济安全的法制保障[D].杭州:浙江大学,2013.

[6] 刘磊.中国海洋油气业产业安全评价研究[D].青岛:中国海洋大学,2014.

[7] 金永明.中国建设海洋强国的路径及保障制度[J].毛泽东邓小平理论研究,2013(2):81-85.

[8] 李猋,黄庆波.海洋资源开发国际合作机制构建研究[J].国际贸易,2013(6):21-25.

[9] 同春芬,韩栋.建设海洋强国背景下海洋社会管理创新模式研究[J].上海行政学院学报,2013,14(5):62-70.

[10] 刘中民.中国海洋强国建设的海权战略选择:海权与大国兴衰的经验教训及其启示[J].太平洋学报,2013,21(8):74-83.

[11] 张祥国,李锋.我国海洋资源价值及其开发的经济学分析[J].生态经济,2012(1):65-68,85.

[12] 于思浩.海洋强国战略背景下我国海洋管理体制改革[J].山东大学学报(哲学社会科学版),2013(6):153-160.

[13] 何佳霖,宋维玲.海洋产业关联及波及效应的计量分析:基于灰色和投入产出模型[J].海洋通报,2013,32(5):586-594.